诗赋苑中的气象学

周海申　郑　莹　张晓慧　著

中华诗词蕴万千，气象学中品诗意。

揭开古诗词中的气象密码

图书在版编目（CIP）数据

诗赋苑中的气象学 / 周海申，郑莹，张晓慧著. --
兰州 : 兰州大学出版社，2023.10
ISBN 978-7-311-06557-7

Ⅰ. ①诗… Ⅱ. ①周… ②郑… ③张… Ⅲ. ①气象学
Ⅳ. ①P4

中国国家版本馆CIP数据核字(2023)第204384号

责任编辑 陈红升
封面设计 程潇慧

书　　名 诗赋苑中的气象学
作　　者 周海申 郑 莹 张晓慧 著
出版发行 兰州大学出版社 (地址:兰州市天水南路222号 730000)
电　　话 0931-8912613(总编办公室) 0931-8617156(营销中心)
网　　址 http://press.lzu.edu.cn
电子信箱 press@lzu.edu.cn
印　　刷 西安日报社印务中心
开　　本 710 mm×1020 mm 1/16
印　　张 11.5(插页2)
字　　数 199千
版　　次 2023年10月第1版
印　　次 2023年10月第1次印刷
书　　号 ISBN 978-7-311-06557-7
定　　价 58.00元

前　言

中华诗词蕴万千，气象学中品诗意。

中国古诗词，特别是我们经常说的唐诗、宋词、元曲等，从古至今，一直为人们所传诵，是中华文学宝库中的瑰宝。中华诗词历史悠久，源远流长，博大精深，意境高远，其中内容涉及气象气候知识的为数不少，有很多与气象气候相关的名词佳句，蕴含着大量的气象知识。诗人借气象气候景观表达真情实感，或热情奔放、直抒胸臆，或诙谐暗喻、色彩浓郁。正是：江山胜迹一沾诗文历史的芳泽，就会平添风流气质；风云山川一经融入诗词，便会越发生动，凸显人文气息；诗词歌赋一经汇入气象气候，便显厚重给力。如果我们在教学过程中，把一些与气象气候相关的古诗词进行深化理解，就既能更好地培养学生学习知识的兴趣，提高学生分析问题和鉴赏古诗词的能力，又能增强学生的语言修养，培养学生的人文情怀，可谓一举多得。

时光流逝，本人从事教学工作已有三十余载，讲授过不同门类的课程。近些年来，我虽然一直从事航空理论教学，但闲暇之余也会涉猎一些自己本专业以外的知识。中国诗词就是我关注和学习的一个方面，尤其近几年中央电视台推出的“中华诗词大会”“经典咏流传”等节目热播以后，更加深了我对古诗词的理解。古诗词中包含着丰富的诸如天气、气候等气象物候方面的知识，我偶有在课堂上引用到这些古诗词，总能起到化繁为简的点睛之用，心中便会泛起一些小窃喜和舒畅的感觉。比如，在《航空气象》中讲高空急流时用到的“白云升远岫，摇曳入晴空。”从其形其状就能知其位置的空间气流表现，不用多说，学生也能体会到它存在的位置就是空中风强而多变的位置，也就是飞行中造成飞机颠簸的区域。再如，讲摩擦层中的风速随高度增高而加大的气象特点时所用到的“落落盘踞虽得地，冥冥孤高多烈风。”讲江淮准静止锋时用到“黄梅时节家家雨，青草池塘处处蛙。”讲夏季西太平洋副热带高压控制下的地区用到“如坐深甑遭炊蒸”，讲气温垂直递减率时用“人间四月芳菲尽，山寺桃花始盛开。”讲热力雷暴时用到“柳外轻雷池上雨，雨声滴碎荷声。”“晚虹斜日塞天昏，一半山川带雨痕。”讲西南地域性气候时用到“君问归期未有期，巴山夜雨涨秋池。”等等，这些诗句都会很好地体现出气象学或气候学中的内涵。那么，与气象气候相关的诗词都有哪些名词佳句，它们都包含了哪些气象知识和科学道理，我总想把它们进行概括总结，但又一直忙于工作而没有成行。恰今年暑期，偶有闲暇，找来徒弟们一起商讨，皆曰“有意义”，遂起草此书。

我们写作团队所做的工作，是想从气象学和气候学的角度，分析解读一些中国古诗词中所体现的气象知识，也想从教学的角度来分析这些古诗词的用法。在选取古诗词上，我们尽量选取大家耳熟能详的古诗词，概括出其内涵的气象气候知识，同时，也会描述其产生的作用以及在此气象气候条件下发生的故事，等等。本书虽然不是科普书，但能体现科普的作用。全书不作高深理论及公式的论述，仅作通俗易懂的描述加浪漫人文情怀的抒发，使读者在赏中华诗词、寻文化基因、解大气知识、抒气象情怀的同时，从古诗词中汲取智慧、涵养心灵，品位诗词中的万千气象。

本书由周海申、郑莹、张晓慧完成。由于作者对古诗词的掌握和理解有限，难免有理解不到位及错误的地方，希望读者批评指正。

二〇二二年九月

目　录

气象要素篇

第一章　云　/ 003

第二章　风　/ 024

第三章　能见度　/ 034

第四章　降水　/ 043

天气系统篇

第五章　锋面　/ 061

第六章　气旋和反气旋　/ 074

气　候　篇

第七章　二十四节气　/ 087

第八章　季节性气候　/ 131

第九章　地方性气候　/ 146

第十章　季风气候　/ 163

气象要素篇

第一章　云

云是悬浮在大气中的无数小水滴、小冰晶或它们混合组成的可见聚合体。它是由湿空气上升冷却凝结而形成。由于上升冷却的形式、冷却凝结的高度不同，云的外形特征、云底高度、云厚等也千差万别。大范围湿空气缓慢抬升形成的层状云平坦呈幕状，大气波动扰动形成的波状云呈波浪起伏状，大气对流不稳定条件下形成的积状云一般孤立分散发展。根据云底距离地面的高度可以将云划分为低云（≤2500 m）、中云（2500～6000 m）和高云（≥6000 m），结合层状云、波状云、积状云及高、中、低云的特征，将云分为三族十属，具体见表1-1。

表1-1　云的分类表

云形 云属 云族	层状云	波状云	积状云
高云(≥6000 m)	卷云、卷层云	卷积云	
中云(2500～6000 m)	高层云	高积云	
低云(≤2500 m)	雨层云	层云、层积云	积云、积雨云

一、层状云

层状云是水平范围广阔的幕状云层，由大范围的空气做缓慢上升运动而形成，常出现在锋面、低压、低压槽附近。当大范围的暖湿空气沿着锋面的斜坡缓慢爬升时，由于绝热冷却使水汽凝结，在锋面上形成范围广阔的层状云系。暖空气整层被抬升，云中上升气流速度只有1～10厘米/秒，因此会形成水平范围广阔的幕状云层，但因其持续时间长，仍能上升到几千米的高空。层状云的底部大体是倾斜的，顶部近于水平，高度和厚度又有很大差别。云底最高、厚度最薄的是卷云，其次是卷层云，再次是高层云，云底最低、厚度最厚而又经常降雨雪的是雨层云，雨层云下面常伴有碎雨云。

除了天气系统作用，地形作用也可能形成层状云。当气流过山时，如果空气层稳定且湿度大，在迎风坡就会形成层状云。在我国的秦岭、南岭的迎风坡常出现层状云，但它们的范围要比锋面所形成的层状云小很多。

白云升远岫，摇曳入晴空。

白云指的是卷云，描述卷云在空中风的作用下，摇曳地飘在晴空之中。

白云向空尽

［唐］焦郁

白云升远岫，摇曳入晴空。
乘化随舒卷，无心任始终。
欲销仍带日，将断更因风。
势薄飞难定，天高色易穷。
影收元气表，光灭太虚中。
倘若从龙去，还施济物功。

此诗的意思是，白云从远山之中升起，摇摇曳曳地飘向晴朗的天空。我愿像白云一样随风远去，挣脱束缚，自在而终。白云正在阳光照耀下慢慢散去，又被风儿吹碎了。“白云升远岫，摇曳入晴空。”给我们展现的是卷云从远处的山间摇曳地进入天空之象，也映射了诗人追求自在洒脱的心境。

卷云，是层状云系的一种，它主要是由对流、斜升和旋升运动，将水汽输送到高空而形成，属于高云族，云底高在7000～10000米。它由高空的细小冰晶组成，且冰晶比较稀疏，因此，云比较薄而透光良好，洁白而亮泽。卷云具有纤维结构，柔丝般光泽，分散地飘浮在空中，云体通常白色无暗影。卷云由于所处高度的温度、湿度、风等不同，分散个体又常呈丝缕状、马尾状、羽毛状、钩状、团簇状和片状等多种形态。日出之前或日落之后，太阳光线会照到这种孤悬高空而无云影的卷云上，经过散射后，显现出漂亮的红色或橘红色的霞象，在夏日的晴空中十分常见。卷云按外形、结构等特征可分为毛卷云、密卷云、钩卷云和伪卷云四类。

毛卷云，云体很薄，呈白色，无暗影，具有纤维状结构，有毛丝般的光泽，多呈丝条状、片状、羽毛状、发丝状等分散地飘浮在天空中，多由直径为10～15微米的冰晶组成。毛卷云的出现大多预示天气晴好，故有“游丝天外飞，久晴便可期”之说法。如果毛卷云变厚，量也增多，甚至发展成卷层云，则预示天气将有变化。见图1–1。

图1–1　毛卷云

羽毛状、丝状、乱发状和马尾状等，各部分纤维状结构都很清晰，云丝洁白光亮。

密卷云，云体具有纤维状结构，呈白色，无暗影，有毛丝般的光泽，多呈丝条状、片状、羽毛状、团状、砧状等，是比较厚密的片状卷云，边缘可见明显的丝缕结构，薄的部分呈白色，厚的部分略有淡影，多由直径为10～15微米的冰晶组成。见图1–2。

钩卷云，云体很薄，呈白色，云丝往往平行排列，向上的一头带有小钩或小簇，下有较长的拖尾，很像逗点符号。钩卷云的曳尾常是云体的冰晶在下落的过程中，因风的切变而产生。如果它大量系统地移入天空，并继续发展，多预示将有天气系统的影响，天气要转坏。谚语“天上钩钩云，地下雨淋淋”指的就是这种趋势。见图1–3。

图1-2 密卷云

常呈团状和片状，中部厚密，看不出纤维状结构，但边缘部分较薄，纤维状结构仍很明显。

图1-3 钩卷云

云丝平行排列，一端带有小钩或小团。常在高空急流附近，通常是锋面云系的前哨，是天气将要转坏的征兆。

伪卷云，顾名思义，是由其他云转化而来形成的卷云。它主要是由积雨云在崩解消散过程中，顶部脱离主体而形成。当积雨云发展到消退阶段，云内上升气流减弱，主要为下沉气流，由于缺乏水汽补给，积雨云母体崩解，其上云砧部分残留在空中，即转化成伪卷云。因此，伪卷云云体大而厚密，常呈铁砧状，具有纤维状结构，白色，多由直径为10～15微米的冰晶组成。它的出现往往表征大气由不稳定转向稳定。

强盛的对流运动造成庞大的积雨云。当对流减弱、积雨云体崩解的时候，它顶部的砧状云顶就转化为伪卷云，这是我们前面分析过的。伪卷云留存在高空，随风飘移，当它的砧状特征消失后，就逐渐演变为密卷云，飘荡于空中。见图1–4。

图1–4　伪卷云

云片大而厚密，中部有时略带暗影，但边缘部分较薄，是积雨云崩溃后残留下来的云砧部分。

在大气中，大规模的缓慢抬升运动常常发生在锋面上，沿着锋面向上抬升的暖湿空气把水汽带到高空。绝大多数水汽都在中低空凝结成高层云和雨层云，少数爬升到冻结高度以上凝华为冰晶，组成能透过阳光的卷层云；更少的水汽沿着卷层云的边缘继续伸展到卷云的高度，在那里水汽凝华为冰晶，组成并行排列、朝着一个方向前进的毛卷云。所以，当你发现毛卷云从无到有，从少到多，自西向东，并行排列，侵入天空时，就可以预见到云层会不断增多、增厚，天气系统将来临，天气将出现阴雨。除了锋面以外，低压槽的前部，由于气流有辐合，也有斜上升运动，同样可以把水汽输送到卷云的高度，形成匀卷层云。匀卷层云如果出现在锋面上，与高层云、雨层云相连，常是天气转坏的征兆。见图1–5。

图1-5 匀卷层云

图中的匀卷层云呈均匀幕状，云底平整，看不出纤细的丝缕结构，但晕圈非常明显，由于云层很薄，几乎不减弱阳光，无晕圈时易误认为无云。

除了缓慢抬升运动形成卷云外，旋升运动也能形成。旋升运动是一种一面旋转、一面上升的大气运动形式，最典型的就是台风。台风周围强烈的大气旋升运动可以把水汽驱赶到很高的高空，在那里凝华为冰晶而形成卷层云，这种卷层云从台风中心附近向四面八方散射开来，远望好像是从地平线上某一个地点放射出来似的，被称为毛卷层云，也称为辐辏状卷层云。辐辏点的中心就是台风中心所在的位置。住在沿海的人们常常根据这种卷云来预测台风的影响。见图1-6。

图1-6 毛卷层云

云层厚薄不均，云底也不很平整，能看出明显的纤维状结构。

花时闷见联绵雨，云入人家水毁堤。

描述了春天里面连绵的阴雨天气，反映了层状云连续降水的天气特点。

春雨

［唐］徐凝

花时闷见联绵雨，云入人家水毁堤。
昨日春风源上路，可怜红锦枉抛泥。

此诗的大意是，本该是阳光明媚、百花盛开的春日却是乌云笼罩、连绵阴雨，连日的大雨将堤坝都冲毁了。昨天感觉天气良好就启程上路，不承想让大雨阻隔了，贵重的绢织物被淋湿，前行的路也被阻了停滞不前。

我国的春季正是大地转暖、季风转换的季节，西伯利亚冷气团和西太平洋副热带暖气团二者势力相当，互有进退，相互交绥。因此，春季也是锋面和气旋活动最盛的时期。冷暖气团相遇造成的准静止锋附近就会形成大范围的层状云，形成阴雨天气。地面观测到的雨层云多由高层云演变而成，有时也可能从蔽光高积云、蔽光层积云演变而来，但无论是哪种演变过程，云底高度的降低、云层的加厚都预示天气在逐步转坏。

诗中的连绵雨主要是层状云中的雨层云产生的。它属低云族，是低而均匀的暗灰色云幕，漫无定形，看不出明显的结构，分布很广，遮蔽整个天空。云底大部分倾斜，云顶平坦或有起伏。雨层云是锋面云系中最靠近锋线附近的云层，它的厚度最大，一般为4000～5000米。云底高度一般在800～1200米，云顶高一般为6000～7000米，有时可达10000米以上，能遮蔽日月，故云底阴暗。它常降连续性的雨雪，通常降水量较大，谚语“天上灰布悬，雨丝定连绵”就形象生动地阐述了雨层云的外貌特征和降水特性。云下常出现碎雨云。见图1-7。

图1-7　雨层云

此雨层云云层很厚，正在下雪，云下能见度很差，看不到云体结构。

二、波状云

大气中，在垂直方向上常常存在着逆温层（随着高度增加，气温升高的气层）和等温层（随着高度增加，温度不变的气层）。在逆温层的上下，空气密度和速度有明显的差异，导致空气产生波动，波峰处空气上升，波谷处空气下沉。水汽条件合适时，空气上升处由于绝热冷却而形成云，空气下沉处由于绝热增温而无云形成，或使原来的云变薄，甚至消散，从而形成厚度不大、保持一定间距的平行云条或云块，呈一列列或一行行的波状云，就犹如海面上的翻滚波浪。当气流越山时，如果风向垂直于山脉，在山顶及山脉的背风侧常常形成波动（背风侧这个波动称为背风波），湿度较大时形成波状云，这种波状云位置常常稳定少动。

根据波动所在的高度不同，波状云可分为卷积云、高积云和层积云。

卷积云属高云族，是由冰晶组成的，常是白色鳞片状的小云块，像微风吹过水面所引起的小波纹。“鱼鳞天，不雨也风颠”就是指出现卷积云后，天气常常要变坏。

高积云属中云族，是由白色或灰白色的云块组成，有时零散地分布在空中，有时呈有秩序地排列。云块小而薄，个体分离，从云隙中可见蓝天或上面云层的称透光高积云。“瓦块云，晒死人”就是指透光高积云，一般是晴好天气的征兆。排列紧密、厚度较厚、可以遮蔽阳光的称为蔽光高积云。由浓积云衰退或积雨云崩溃而形成的高积云称为积云性高积云。高积云的云顶光滑而有起伏，它有时能降间歇性小雨雪。高积云中，云块像豆荚状、孤立分散的称为荚状高积云，它往往是强扰动气流存在的标志；云块细长，底部平坦，顶部凸起一些云塔，远看似城堡，称为堡状高积云；云块像乱棉絮团的称为絮状高积云。堡状和絮状高积云常是产生雷雨天气的前兆，故有“朝有炮云台，午后雷雨临”的说法。

层积云属低云族，是由灰白色或灰色的云块或云条组成，云块比高积云大，结构比较松散。薄的层积云，云块之间有明显的缝隙，称为透光层积云；厚的层积云，云块一个紧接一个，常布满天空，称为蔽光层积云。见图1-8、1-9。荚状、堡状、积云性层积云的特征分别与荚状、堡状、积云性高积云类似，只是云底高度低一些。层积云的云顶通常有明显起伏，云厚几百至两千米。层积云有时可降间歇性雨雪。

图1-8 透光层积云

云层由大而松散的云块组成，排列成行。云块稍厚，底部呈暗灰色，边缘较薄而明亮，云隙之间露出蓝天。

图1-9　蔽光层积云

云条或云块排列密集，无缝隙。云层较厚，云底呈暗灰。如果云层加厚降低，常是降水的先兆。

波状云形成的另一个原因是由于大气的乱流扰动。由乱流扰动形成的云层常出现在低空逆温层附近且湿度非常大的环境中，因此，形成的云层云底极低、生消突然、移动迅速，这样形成的波状云称为层云。它是低而灰白色的云幕，像雾，但不和地面接触，云底模糊，高度很低，一般在500米以下，云顶起伏不平。它的厚度较薄，一般为几百米。云下能见度差，有时可下毛毛雨或小雪。

风翻白浪花千片，雁点青天字一行。

描述的是风吹过水面，白浪翻卷，好像千万片花瓣。碧空高远，大雁飞行，犹如在青天点上字迹一行。这句诗传神般地展现了波状云的外貌和特点。

江楼晚眺，景物鲜奇，吟玩成篇，寄水部张员外

［唐］白居易

澹烟疏雨间斜阳，江色鲜明海气凉。
蜃散云收破楼阁，虹残水照断桥梁。
风翻白浪花千片，雁点青天字一行。
好著丹青图画取，题诗寄与水曹郎。

此诗是诗人任杭州刺史时所作。在一个秋天的傍晚，诗人登上杭州城楼眺望，赞赏景色的优美，于是请人画为图幅，并题了这首诗寄给张籍。江楼：杭州城东楼，即望海楼。水曹郎：即水部员外郎张籍。诗的大意是，江的上空时而有淡淡的烟云荡过，时而还夹杂着稀疏细雨。当云过雨收之际，一轮夕阳把金灿灿的阳光洒在湖面上。风吹江面浪滚波涌，深碧色的波浪在夕阳的照射下，一边是金光跳动，如金蛇游泳；一边是暗色背光，水色对比呈墨绿。天上的彩云在变化，水面的云气在飘涌，好像刚散的海市蜃楼。空间的水珠与夕阳映照，一条彩虹如桥梁一样架在江上，而彩虹照水倒影入江，一一相应，美不胜收。加之水波动荡，风吹浪翻，好像许多花片飞舞一样，时暗时明，非常美观。彩云过后晴空一碧，雁群凌空飞翔，好像是青天上的一行字迹。如此美的景色只能用颜料勾勒出来，题上字，寄送给不在身边的好友。

“风翻白浪花千片，雁点青天字一行。”是全诗的点睛之笔。俯瞰：风吹浪翻，好像千片花瓣飞舞一般；仰观：雁阵高翔，犹如在青天写下字迹一行。

2014年11月11日习近平主席在亚太经济合作组织第二十二次领导人非正式会议上的开幕辞，引用白居易这两句诗时说：“每年春秋两季，都有成群的大雁来到这里，雁栖湖因此得名。亚太经济合作组织的21个成员，就好比21只大雁，‘风翻白浪花千片，雁点青天字一行’。今天，我们聚首雁栖湖，目的就是加强合作、展翅齐飞，书写亚太发展新愿景。”

气象上，常用白居易的“风翻白浪花千片，雁点青天字一行”这两句诗形容波状云。波状云是指表面呈波浪式起伏的云层，它是由空气波动或乱流扰动而形成的。波状云犹如海面波浪翻滚一般特殊形状的云形，用这两句诗来形容是再恰当不过了。

山从人面起，云傍马头生。

诗中的云指的是由山地作用而形成的层云或碎层云，描述了云气缭绕，境界奇美的蜀地环境。

送友人入蜀

［唐］李白

见说蚕丛路，崎岖不易行。
山从人面起，云傍马头生。
芳树笼秦栈，春流绕蜀城。
升沉应已定，不必问君平。

这首诗是李白在长安送友人入蜀时所作，以描绘蜀道山川的奇美而著称。临别之际，李白亲切地叮嘱友人：听说蜀国的道路，崎岖艰险自来就不易通行。在栈道上行走，山崖从人的脸旁突兀而起，云气依傍着马头上升翻腾。开花的树笼罩着从秦入川的栈道，春江碧水绕流蜀地的都城。你的进退升沉在命中已经注定，用不着去询问善卜的君平。

首联入题，平静地叙述，而且还是“见说”，显得很委婉，浑然无迹。颔联就“崎岖不易行”的蜀道作进一步的具体描画：“山从人面起，云傍马头生。”颈联忽描写纤丽，又道风景可乐，笔力开阖顿挫，变化万千。最后，以议论作结，实现主旨，更富有韵味。“山从人面起，云傍马头生。”一句通过山崖从人的脸旁突兀而起，云气依傍着马头上升翻腾直接刻画了蜀道的艰险，这种云傍马头生的情景一般由层云造成。

层云云体均匀呈层状，由小水滴构成，经常笼罩山体和高层建筑。层云常由于夜间降温、潮湿气流流入或大雨后蒸发，湿空气扰动而形成。日出地面受热后，雾抬升也能形成层云。较薄的层云一般在日出后逐渐消散，冬季在反气旋和逆温的情况下，层云也可以维持数日。

望中汹涌如惊涛，天风震撼大海潮。

描述的是黄山云海千变万化所形成的奇观。黄山的云海是由于山地作用形成的层积云或层云，它就如大海上的浪涛一样，风平浪静时一铺万顷，狂风刮过时波涛汹涌。

黄山云海歌（节选）

［清］吴应莲

……

望中汹涌如惊涛，天风震撼大海潮。

有峰高出惊涛上，宛然舟楫随波漾。

风渐起兮波渐涌，一望无涯心震恐。

山尖小露如垒石，高处如何同泽国。

……

最具典型代表的云海要属黄山云海，被称为黄山“四绝”（云海、奇松、怪石、温泉）之首，为黄山第一奇观。黄山云海波澜壮阔，一望无边，大小山峰、千沟万壑都淹没在雾涛云海里，天都峰、光明顶成了浩瀚云海中的孤岛。阳光照耀，流光溢彩，云来雾去，变幻莫测。风平浪静时，云海一铺万顷，波平如镜，映出山影如画。忽而，风起云涌，波涛滚滚，奔涌如潮，浩浩荡荡，更有飞流直下，白浪涛涛，惊涛拍岸，似千军万马席卷群峰。云海是把山岳装扮成“人间仙境”的神奇美容师，是山岳风景的重要景观之一。山峰云雾幻化无穷，似海非海，意象万千，令人置身其中，仿佛进入了梦幻世界，神思飞跃，浮想联翩。黄山的奇峰、怪石只有依赖飘忽不定的云雾烘托才显得扑朔迷离，怪石愈怪，奇峰更奇，使它们增添了诱人的艺术魅力。

按地理分布，黄山云海可分为五个海域：莲花峰、天都峰以南为南海，也称前海，玉屏峰的文殊台就是观前海的最佳处，云围雾绕，高低沉浮，“自然彩笔来天地，画出东南四五峰”；狮子峰、始信峰以北为北海，又称后海，狮子峰顶与清凉台，既是观后海的佳处，也是观日出的极好所在，曙日初照，浮光跃金，霞海出现时，则天上闪烁着耀眼的金辉，群山披上了斑斓的锦衣，璀璨夺目，瞬息万变；白鹅岭东面为东海，迎风伫立，可一览云海缥缈；丹霞峰、飞来峰西边为西海，理想观赏点乃排云亭，烟霞夕照，神采奕奕；光明顶前为天海，位于南北东西四海中间，海拔1800米，地势平坦，云雾从脚底升起，云天一色，故以“天海”之名称之。

黄山云海，奇妙绝伦。漫天的云雾和层积云随风飘移，时而上升，时而下坠，时而回旋，时而舒展，构成一幅千变万化的奇特云海大观。每当云海涌来时，整个黄山景区就被分成诸多云的海洋。被浓雾笼罩的山峰突然显露出来，层层叠叠、隐隐约约，山之秀美在这里完美地表达出来。飘动着的云雾如一层面纱在山峦中游曳，景色千变万化，稍纵即逝，每一分每一秒都不一样。当云海上升到一定高度时，远近山峦在云海中出没无常，宛若大海中的零数岛屿，时隐时现于波涛之上。正如诗中所云“有峰高出惊涛上，宛然舟楫随波漾。”“山尖小露如垒石，高处如何同泽国。”贡阳山麓的“五老荡船”在云海中显得尤为逼真；西海的“仙人踩高跷”，在飞云弥漫舒展时，现出移步踏云的奇姿；光明顶西南面的茫茫大海上，一只惟妙惟肖的巨龟向着陡峭的峰峦游动，原来那“龟”是在云海上露出的山尖。

云海是在一定的天气条件下形成的云层，一般云顶高度低于山顶高度，当人们在高山之巅俯瞰云层时，看到的是漫无边际的云，如临大海之滨，波起峰涌、浪花飞溅、惊涛拍岸，故称这一现象为“云海”。

云海的形成有其原因和规律。山高谷低、林木繁茂、日照时间短、水分不易蒸发，因而湿度大、水汽多，这是形成云海的第一个原因。山谷之中常有扰动气流和空气的波动，这是形成云海的第二个原因。黄山云海是由低云和地面雾形成的。低云主要是层积云，这是其特点。黄山每年11月至次年3月间，有97%的云海由层积云形成，只有3%由层云或雾形成。6至9月，由淡积云和浓积云形成的云海约占这个时期云海总数的6%。

冬春季节，大气中低层的气温低，层积云的凝结高度低，约在800～1200米之间，冷空气活动频繁。过程性天气活动明显，在雨雪天气后，常出现大面积的云海，尤其是日出时的云海。入夏后渐进梅雨季节，随着气温升高，云的凝结高度升到1500米左右，云层高度超过或接近大部分峰顶，这时候云雾笼罩，不易看到云海。7至8月份，为黄山盛夏，这段时间常受太平洋副热带高压控制，气温上升，低云的凝结高度也上升到全年的最高。山的阴面温差大，容易形成对流。上午到午后，山头周围常有淡积云和浓积云形成，但由于云层高于峰顶，因而云海少见。在夜晚或早晨，偶尔可以看到由积云、层积云形成的云海，但由于环流影响，极易被破坏，云海维持的时间较短。入秋以后，约9至10月份，由于北方冷空气的影响，气温下降，低云的凝结高度也随之下降。冷空气过后，常出现层积云较高的大面积云海。

岭上晴云披絮帽，树头初日挂铜钲。

这是宋代诗人苏东坡前往富阳、新城等地视察春耕时写在《新城道中》的写景名句，描绘诗人早行所见的山野景色。因为天已放晴，一团白云浮荡在远山顶上，仿佛青山戴上了一顶白丝绵的帽子；一轮朝阳正从绿树后面冉冉上升，好像树梢上挂着一面又圆又亮的铜锣。

新城道中二首

［宋］苏轼

东风知我欲山行，吹断檐间积雨声。
岭上晴云披絮帽，树头初日挂铜钲。
野桃含笑竹篱短，溪柳自摇沙水清。
西崦人家应最乐，煮葵烧笋饷春耕。
身世悠悠我此行，溪边委辔听溪声。
散材畏见搜林斧，疲马思闻卷旆钲。
细雨足时茶户喜，乱山深处长官清。
人间岐路知多少，试向桑田问耦耕。

雨过天晴，准备外出的人心情为之振奋。在诗人心目中，是东风有情，故意吹走了阴云，吹断了雨声。走在路上，远远望去，白云给山头戴上了一顶絮帽；旭日初生，红里泛黄，如一面铜锣挂在树梢。桃花伸出篱外向人露出笑脸，清澈的溪水映出了袅袅垂柳，好一派令人心旷神怡的仲春田野风光。这首诗体现了苏轼丰富、奇妙的想象力。“岭上晴云披絮帽，树头初日挂铜钲。”以絮帽喻晴云，以铜钲喻旭日，画出了晴云高悬之状和洁白之色，朝阳浑圆之形与金黄之光，喻象新奇而贴切，“戴”“挂”二字写出了乡村风景的清新活泼，同时也透露了作者无比兴奋欢快的心情。

诗中“岭上晴云披絮帽”指的就是帽状云。帽状云的形成与地形、雷暴等有关。我国广袤的国土及复杂的地形，多种天气系统的影响和大气运动为帽状云的形成创造了条件。当稳定的湿空气遇山后沿山脉爬坡时就会冷却凝结，气流翻越山脉后，可激发出地形重力波，当重力波的振幅与山体空间尺度接近，大气温度和相对湿度也正好使气流的凝结高度位于山顶附近就会形成极为罕见的洁白色的帽状云。有时快速扩张的雷雨云砧、火山喷发甚至于核爆炸时，暖湿气体被某些作用力或物质快速推动也可能形成洁白的帽状云。

朝霞不出门，暮霞行千里。

此诗反映的是朝雨晚晴的天气特点。雨后乍晴时，早晨出现红霞，预示有雨，不能出门；傍晚出现红霞，预示天晴，可以远行。

晓发飞乌，晨霞满天，少顷大雨·吴谚云

［宋］范成大

朝霞不出门，暮霞行千里。
今晨日未出，晓气散如绮。
心疑雨再作，眼转云四起。
我岂知天道，吴农谚云尔。
古来占滂沱，说者类恢诡。
飞云走群羊，停云俗三稀。
月当天毕宿，风自少女起。
烂石烧成香，汗础润如洗。
逐妇鸠能拙，穴居狸有智。
蜉蝣强知时，蜥蜴与闻计。
垤鸣东山鹳，堂审南柯蚁。
或加阴石鞭，或议阳门闭。
或云逢庚变，或自换甲始。
行鹅与象龙，聚讼非一理。
不如老农谚，响应捷如鬼。
哦诗敢夸博，聊用醒午睡。

宋代诗人范成大的诗风格平易浅显、清新妩媚，题材广泛，其反映农村社会生活内容的作品成就最高。他与杨万里、陆游、尤袤合称南宋“中兴四大诗

人”。《晓发飞乌，晨霞满天，少顷大雨・吴谚云》通过实际天气过程阐述了农谚价值。

在日出和日落前后，阳光通过厚厚的大气层，被大量的空气分子散射有时会出现五彩缤纷的彩霞。日出前后在东方天空看到的霞称为朝霞，日落前后在西边天空出现的霞称为晚霞。当空中的尘埃、水汽等物质积聚愈多，色彩愈显著，如果有云层，云块也会染上橙红艳丽的颜色。

日出前后出现鲜红的朝霞，说明大气中的水汽已经很多，东方天顶或西方有低云出现，而且云层已经从西方开始侵入本地区，预示天气将要转雨的征兆。晚上西方天顶或东方有红霞，这种低沉的红霞向东移动表示在西边的上游地区天气已经转晴或云层已经裂开，阳光才能透过来造成晚霞，预示笼罩在本地上空的雨云即将东移，天气就要转晴。

三、积状云

云淡风轻近午天，傍花随柳过前川。

春日中午云淡风轻，诗人在河岸边漫步，花香弥漫，柳枝随风飘舞。云淡风轻、繁花垂柳展现了大自然一片生机勃勃的景象。

春日偶成

［宋］程颢

云淡风轻近午天，傍花随柳过前川。
时人不识余心乐，将谓偷闲学少年。

这是一首即景诗，描写春天郊游的心情以及春天的景象，作者用朴素的手法把柔和明丽的春光同自得其乐的心情融为一体。“云淡风轻近午天，傍花随柳过前川。”看似十分平淡，但如细细品味，云淡风轻，傍花随柳，寥寥数笔，不仅出色地勾画出了春景，也强调了动感和煦的春风吹拂大地，自己信步漫游，到处是艳美的鲜花、袅娜多姿的绿柳，通过“近午天”“过前川”六字自然而然地表达出春游流连忘返，沉醉于大自然的心情。诗中“云淡风轻”指的是淡积云。

淡积云属积状云，是湿空气做对流运动而形成。湿空气对流时，一部分空气上升，另一部分空气下降。上升的空气由于绝热冷却，温度不断降低，当上升到凝结高度时，开始形成云。上升空气所达到的高度越高，云越向上发展。下降的空气由于绝热增温，不会形成云，因此，积状云常是垂直发展、孤立分散的云块。由于它是由空气对流而形成的，因此又称对流云。对流云包括淡积云、浓积云和积雨云。

湿空气对流运动不强时形成淡积云。由于对流凝结高度高于水汽凝结高度很少，云的水平宽度大于垂直厚度，云体扁平、顶部略突起呈馒头状，厚的淡积云中间有阴影。淡积云多孤立分散，出现在晴朗的天气条件下。云顶在0℃等温线高度以下，云体由水滴组成，其厚度约为几百米至两千米。由于淡积云上空气层稳定，因此，淡积云出现说明至少在未来的几个小时内天气都是不错的。见图1-10。

图1-10　淡积云

出现在冷气团控制区的淡积云，云体结构紧实，形状清晰。图右上角为碎积云。

天上浮云如白衣，斯须改变如苍狗。

描述的是天上的浮云变幻无常，本来像白衣裳，可是顷刻之间又变得像黑狗一样。从气象上来讲，反映了积状云从淡积云向浓积云的转换过程。

可　叹

［唐］杜甫

天上浮云如白衣，斯须改变如苍狗。
古往今来共一时，人生万事无不有。
近者抉眼去其夫，河东女儿身姓柳。
丈夫正色动引经，酆城客子王季友。
群书万卷常暗诵，孝经一通看在手。
贫穷老瘦家卖屐，好事就之为携酒。
豫章太守高帝孙，引为宾客敬颇久。
闻道三年未曾语，小心恐惧闭其口。
太守得之更不疑，人生反覆看亦丑。
明月无瑕岂容易，紫气郁郁犹冲斗。
时危可仗真豪俊，二人得置君侧否。
太守顷者领山南，邦人思之比父母。
王生早曾拜颜色，高山之外皆培塿。
用为羲和天为成，用平水土地为厚。
王也论道阻江湖，李也丞疑旷前后。
死为星辰终不灭，致君尧舜焉肯朽。
吾辈碌碌饱饭行，风后力牧长回首。

杜甫的这首《可叹》诗，是同时代诗人王季友的妻子柳氏不堪家境贫寒，“抉眼去其夫”之后，外界不明夫妻反目真相，纷纷指责王季友，杜甫知道其中真情，为王季友鸣不平，才写了这首诗。用“天上浮云如白衣，斯须改变如苍狗。”的自然现象感叹世事变化莫测，来说明这种把好人变成坏人的社会舆论，就如同天空的白云一样，一会儿如白衣，一会儿又变成了苍狗。后来，人们便将这句诗引升为成语“白云苍狗”或“白衣苍狗”，用来比喻事物变化不定，让人难以揣测。“白衣苍狗”指的就是积状云中的淡积云向浓积云的转化过程。

当对流进一步发展时，气流上升形成垂直厚度大于水平宽度的浓积云，云顶重叠像花菜，云体边缘明亮，轮廓清晰，在阳光照耀下，光辉夺目；它的底部和背面比较阴暗。浓积云有时可下阵雨，发展强盛的浓积云还可以下倾盆大雨。见图1-11。

图1-11　浓积云

云底较平呈暗灰色；云顶明亮，凸起的圆弧顶互相重叠似花菜，或像大山、高塔，厚度通常为1000～2000米，最厚可达6000米左右，云顶常能伸展到低于0℃的空中。云体高大，耸立如山，顶似花菜，轮廓清晰，底较平坦，底暗边亮。

溪云初起日沉阁，山雨欲来风满楼。

描述了磻溪之上暮云渐起，慈福寺边夕阳西落，骤起的凉风布满城楼，一场山雨眼看就要来了，反映的是由天气系统形成的积雨云来临的景象。

咸阳城东楼

［唐］许浑

一上高城万里愁，蒹葭杨柳似汀洲。
溪云初起日沉阁，山雨欲来风满楼。
鸟下绿芜秦苑夕，蝉鸣黄叶汉宫秋。
行人莫问当年事，故国东来渭水流。

此诗是许浑于唐宣宗大中三年任监察御史时登上咸阳古城楼即兴所作。当时大唐王朝已经处于风雨飘摇之际，政治非常腐败，农民起义此起彼伏。“溪云初起日沉阁，山雨欲来风满楼。”描述了诗人傍晚登上城楼，只见磻溪罩云，暮色苍茫，一轮红日渐薄远山，夕阳与慈福寺阁姿影相叠，仿佛近寺阁而落。蓦然凉风突起，咸阳西楼顿时沐浴在凄风之中，一场山雨眼看就要到了。这既是对自然景物的临摹，也是对唐王朝日薄西山、危机四伏的没落局势的形象勾画。云起日沉，雨来风满，动感分明。“风为雨头”，含蕴深刻。后来，人们常常用“山雨欲来风满楼”比喻重大事件发生前的紧张气氛。

从气象的角度看，溪云初起、山雨欲来是对流发展成强烈的系统性积雨云来临的景象。

积雨云又称雷暴云，是积状云的一种。形成积雨云必须有大量的不稳定能量、充足的水汽、足够的冲击力三个必备条件。当湿空气对流发展形成浓积云之后，如果对流进一步增强，云顶垂直向上发展达到冻结高度以上，原来浓积云的花椰菜状的云顶开始冰晶化，云顶明显而清晰的边缘轮廓开始在某些地方变得模糊，云体内部上升、下沉气流都存在说明进入了积雨云阶段。

发展成熟的积雨云庞大如高耸的山岳，云顶可伸展到对流层上部，由冰晶构成，轮廓模糊，有纤维状结构，有时像打铁用的铁砧或倒立的扫帚的称为砧状积雨云。云底铅黑混乱，有时呈悬球状或滚轴状，云下常有雨幡及碎雨云。积雨云可降阵雨、阵雪，并常伴有雷电和大风，有时还可降冰雹，偶有龙卷风发生，天气十分恶劣。

第二章　风

一、风的特点

解落三秋叶，能开二月花。

秋风吹落了树叶，春风吹开了百花。无风但自然而然地展现了叶、花在风力作用下的现象，间接地展现了风的特点。

风

［唐］李峤

解落三秋叶，能开二月花。
过江千尺浪，入竹万竿斜。

风是自然界中最常见到的天气现象之一，无色无形，但我们又能时时刻刻感受到它的存在。风能吹落秋天金黄树叶，吹开春天美丽鲜花，刮过江面能掀起千尺巨浪，吹进竹林能使万竿倾斜。唐代诗人李峤通过“叶、花、浪、竹”在风力作用下表现出来的物象，从侧面描写，句句写风而不见“风”字，形象、生动地刻画了风的特征。

气象上将空气的水平运动称为风。空气质点的运动是在气压梯度力、地转偏向力、惯性离心力和摩擦力等合力的作用下产生的。

空气质点受到的气压梯度力是由于质点水平方向上存在气压差而产生的，气压梯度力与气压梯度成正比，与空气密度成反比。由于在同一水平面上空气密度的变化不明显，因而气压梯度力的大小主要由气压梯度决定，其方向垂直等压线，由高压指向低压。气压梯度力是空气质点发生运动的原动力。

空气质点在气压梯度力作用下一旦发生运动，运动的空气会受到由于地球自转而产生的水平地转偏向力作用，地转偏向力的大小与风速和纬度的正弦成正比，地转偏向力在极地最明显，在赤道消失。北半球地转偏向力垂直于运动方向右侧，南半球垂直于运动方向左侧。地转偏向力只改变空气运动的方向，不改变大小。

空气质点在气压梯度力、地转偏向力作用下沿曲线运动，沿曲线运动的质点还会受到惯性离心力的作用。

近地面层运动的空气还受到地表摩擦力的影响，摩擦力总是与空气运动方向相反。因此，摩擦层中的风是气压梯度力、地转偏向力、惯性离心力和摩擦力等要素共同作用达到平衡所产生的风。

在垂直方向上，越向上摩擦力影响越小。在自由大气中，空气运动不受地表摩擦力的影响，因此，自由大气中的风由气压梯度力、地转偏向力、惯性离心力作用。自由大气中大尺度运动主要受气压梯度力和地转偏向力作用，二力平衡时形成的风称为地转风。在北半球，背风（地转风）而立，低压在左，高压在右，南半球相反。

昨夜狂风度，吹折江头树。

昨夜狂风大作，将江边的树木都吹折了，表现的是风速的大小或风力等级的大小，江头树折断的方向显示了风向。

长干行（节选）

［唐］李益

忆妾深闺里，烟尘不曾识。
嫁与长干人，沙头候风色。
五月南风兴，思君下巴陵。
八月西风起，想君发扬子。
去来悲如何，见少离别多。
湘潭几日到，妾梦越风波。

昨夜狂风度，吹折江头树。
淼淼暗无边，行人在何处。
……
好乘浮云骢，佳期兰渚东。
鸳鸯绿浦上，翡翠锦屏中。
自怜十五馀，颜色桃花红。
那作商人妇，愁水复愁风。

本诗描述的是一位商人妇，她的丈夫长年在外经商，或五月下巴陵，或八月发扬子，见少离多，寂寞哀怨。通过她的回忆、梦境和幻想，表达了对丈夫的思念牵挂之情。

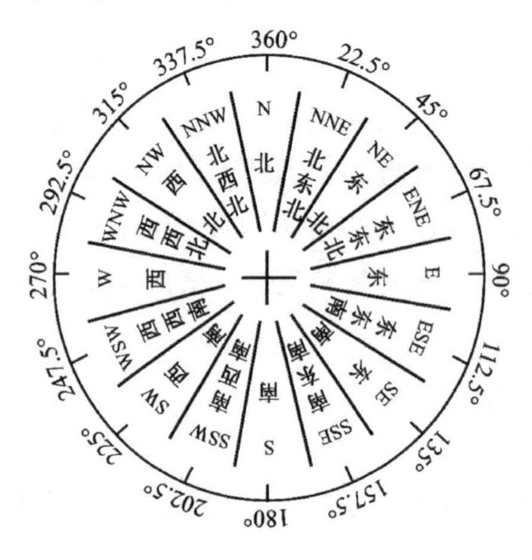

图2-1 风向十六方位

风是既有大小又有方向的矢量。在气象上，风向是指风的来向。地面风向通常用十六个方位来表示：东、南、西、北、东北、东南、西南、西北、北东北、东东北、东东南、南东南、北西北、南西南、西西南、西西北（见图2-1）；也可以按度数来表示，正北为零度，顺时针旋转到风的来向转过的度数就是风向；空中风向用0～360°的度数表示，即每一度表示一个空中风向。

风速常有两种表示方式，一种是风力等级，一种是单位时间内空气运动的水平距离，单位为米/秒、千米/小时和海里/小时。我国对风力等级的分类早在一千多年前就已出现。唐代数学家、天文学家李淳风的《观象玩占》里就有这样的记载："动叶十里，鸣条百里，摇枝二百里，落叶三百里，折小枝四百里，折大枝五百里，走石千里，拔大根三千里。"也就是根据风对树产生的作用来估计风的速度，"动叶十里"是说树叶微微飘动，风的速度就是日行十里。"鸣条"就是树叶沙沙作响，这时风速是日行一百里。在《乙巳占》中："一级动叶，二级鸣条，三级摇枝，四级坠叶，五级折小枝，六级折大枝，七级折木，飞沙石，八级拔大树及根"，将风力等级定为八级。1805年，英国学者弗朗西斯·蒲福将风力标准进一步细化，分成十三个等级，也称蒲福风级，我们现在仍在使用，见表2-1。1946年，风力等级又增加到18个，即风力的大小为18个等级，从最小的0级到最大的18级。

表2-1　风力等级表

风力等级	名称	陆上地物征象	相当于平地10米高处风速(米/秒)	
			范围	中数
0	无风	静、烟直上。	0.0～0.2	0.0
1	软风	烟能表示风向,树叶略有摇动。	0.3～1.5	1.0
2	轻风	人面感觉有风,树叶有微响,旗子开始飘动,高草开始摇动。	1.6～3.3	2.0
3	微风	树叶及小枝摇动不息,旗子展开,高草摇动不息。	3.4～5.4	4.0
4	和风	能吹起地面灰尘和纸张,树枝动摇,高草呈波浪起伏。	5.5～7.9	7.0
5	清劲风	有叶的小树摇摆,内陆的水面有小波,高草波浪起伏明显。	8.0～10.7	9.0
6	强风	大树枝摇动,电线呼呼有声,撑伞困难,高草不时倾伏于地。	10.8～13.8	12.0
7	疾风	全树摇动,大树枝弯下来,迎风步行感觉不便。	13.9～17.1	16.0
8	大风	可折毁小树枝,人迎风前行感觉阻力甚大。	17.2～20.7	19.0
9	烈风	草房遭受破坏,屋瓦被掀起,大树枝可折断。	20.8～24.4	23.0
10	狂风	树木可被吹倒,一般建筑物遭破坏。	24.5～28.4	26.0
11	暴风	大树可被吹倒,一般建筑物遭严重破坏	28.5～32.6	31.0
12	飓风	陆上少见,其摧毁力极大。	32.7～36.9	35.0

注:此表引自中国气象局2003年7月颁发的《地面气象观测规范》。

风速按空气单位时间内运动水平距离的表示方法，是在19世纪末测定风速的仪器发明后才出现的（见图2-2）。风速的观测资料有瞬时值和平均值两种。平均风速是指某一时段内风速的平均值，气象上一般取10分钟的平均值；瞬时风速是指空气微团瞬时移动的速度；极大风速（阵风）是指在某时段内出现的最大瞬时风速值。

图2-2 风向风速仪

风不鸣条

［唐］卢肇

习习和风至，过条不自鸣。
暗通青律起，远傍白蘋生。
拂树花仍落，经林鸟自惊。
几牵萝蔓动，潜惹柳丝轻。
入谷迷松响，开窗失竹声。
薰弦方在御，万国仰皇情。

该诗表现的就是1级风的物象。“风不鸣条”即在风的轻拂之下树枝不发出声响，只是树叶轻微摆动。成语“风不鸣条，雨不破块”比喻社会安定，风调雨顺。

1级风（软风）物象为烟斜升，树叶略有摇动。风速值：0.3～1.5米/秒。

大风歌

［汉］刘邦

大风起兮云飞扬，
威加海内兮归故乡，
安得猛士兮守四方！

8级风（大风）物象为小树枝折断，迎风步行感觉阻力非常大。风速值：17.2～20.7米/秒。

十月二十八日风雨大作（节选）

［宋］陆游

风怒欲拔木，雨暴欲掀屋。
风声翻海涛，雨点堕车轴。
……

12级风（飓风）物象为大树被吹倒，房屋等建筑遭到破坏。风速值：32.7～36.9米/秒。

大风指瞬时风速≥17米/秒（风力达到或超过8级）的地面风（见表2-1）。

大风天气主要出现在地面图上等压线密集区域。空中强的暖平流或冷平流均会引起地面气压的变化，加大气压梯度而使风力增强；空气的对流（暖空气上升、冷空气下沉）可使风的流动性增强，使地面风增大，而且风的阵性明显。

我国常见的大风天气形势有锋面气旋发展时的大风、稳定高压后部的偏南大风、强冷锋后部的偏北或西北大风，以及热带气旋大风和雷暴大风等。

大风会毁坏地面设施和建筑物，影响航海、海上施工和捕捞作业等，危害极大，是一种灾害性天气，因此，对大风的预警很有必要，具体预警信号及防范措施参见表2-2。

2-2　大风预警信号及防范

图例	含义	防御指南
大风 蓝　GALE	24 h内可能（或者已经）受大风影响 $v_{\text{平均}}>10$ m/s（6级）或 $v_{\text{瞬时}}>14$ m/s（7级）	1.政府及相关部门按照职责做好防大风工作； 2.关好门窗，加固围板、棚架、广告牌等易被风吹动的搭建物，妥善安置易受大风影响的室外物品，遮盖建筑物资； 3.相关水域水上作业和过往船舶采取积极的应对措施，如回港避风或者绕道航行等； 4.行人注意尽量少骑自行车，刮风时不要在广告牌、临时搭建物等下面逗留； 5.有关部门和单位注意森林、草原等防火。

续表 2-2

图例	含义	防御指南
大风 黄 GALE	12 h 内可能(或者已经)受大风影响 $v_{\text{平均}}$>17 m/s(8 级)或 $v_{\text{瞬时}}$>21 m/s(9 级)	1. 政府及相关部门按照职责做好防大风工作; 2. 停止露天活动和高空等户外危险作业,危险地带人员和危房居民尽量转到避风场所避风; 3. 相关水域水上作业和过往船舶采取积极的应对措施,加固港口设施,防止船舶走锚、搁浅和碰撞; 4. 切断户外危险电源,妥善安置易受大风影响的室外物品,遮盖建筑物资; 5. 机场、高速公路等单位应当采取保障交通安全的措施,有关部门和单位注意森林、草原等防火。
大风 橙 GALE	6 h 内可能(或者已经)受大风影响 $v_{\text{平均}}$>24 m/s(10 级)或 $v_{\text{瞬时}}$>28 m/s(11 级)	1. 政府及相关部门按照职责做好防大风应急工作; 2. 房屋抗风能力较弱的中小学校和单位应当停课、停业,人员减少外出; 3. 相关水域水上作业和过往船舶应当回港避风,加固港口设施,防止船舶走锚、搁浅和碰撞; 4. 切断危险电源,妥善安置易受大风影响的室外物品,遮盖建筑物资; 5. 机场、铁路、高速公路、水上交通等单位应当采取保障交通安全的措施,有关部门和单位注意森林、草原等防火。
大风 红 GALE	6 h 内可能(或者已经)受大风影响 $v_{\text{平均}}$>32 m/s(12 级)或 $v_{\text{瞬时}}$>36 m/s(13 级)	1. 政府及相关部门按照职责做好防大风应急和抢险工作; 2. 人员应当尽可能停留在防风安全的地方,不要随意外出; 3. 回港避风的船舶要视情况采取积极措施,妥善安排人员留守或者转移到安全地带; 4. 切断危险电源,妥善安置易受大风影响的室外物品,遮盖建筑物资; 5. 机场、铁路、高速公路、水上交通等单位应当采取保障交通安全的措施,有关部门和单位注意森林、草原等防火。

注：$v_{\text{平均}}$代表平均风速，$v_{\text{瞬时}}$代表瞬时风速。

二、高空风

落落盘踞虽得地，冥冥孤高多烈风。

古柏独立高耸虽然盘踞得地，但是位高孤傲必定多招烈风。表现的是风随高度增高，风速加大的气象特点。

古柏行

［唐］杜甫

孔明庙前有老柏，柯如青铜根如石。
霜皮溜雨四十围，黛色参天二千尺。
君臣已与时际会，树木犹为人爱惜。
云来气接巫峡长，月出寒通雪山白。
忆昨路绕锦亭东，先主武侯同閟宫。
崔嵬枝干郊原古，窈窕丹青户牖空。
落落盘踞虽得地，冥冥孤高多烈风。
扶持自是神明力，正直原因造化功。
大厦如倾要梁栋，万牛回首丘山重。
不露文章世已惊，未辞翦伐谁能送？
苦心岂免容蝼蚁，香叶终经宿鸾凤。
志士幽人莫怨嗟：古来材大难为用。

杜甫的《古柏行》描述了孔明庙前有一株古老的柏树，青铜色的树干，固若磐石的树根，但由于生在高山，经常被猛烈大风撼动。诗中描述古柏粗需四十人合抱，高大参天的古柏经常受到大风侵袭。高空风速一般大于地面风速，事实上，地球周围的大气，高度不同时角速度相同而线速度不同，高处线速度大。再者空气具有黏性，越低层黏性越大。因此，随着高度升高，风速逐渐增大。

在不同的高度上风的变化是不同的。实际观测表明，自由大气（H>1.5千米左右）和摩擦大气（H<1.5千米左右）中风的分布规律不同。

摩擦层中，随着高度升高，风速逐渐增大，风向渐渐向右偏转。这主要是由于下部空气运动时，受到的摩擦作用较大，因此，风速小，风与等压线的交角较大；上部的风，空气运动受到的摩擦力逐渐减小，因此，风速逐渐增大，风与等压线的交角逐渐减小。中上层风通常大于下层风，且风向比下层风偏右。摩擦层的风还具有日变化规律。日出以后，地表受热逐渐增强，湍流随之发展，这样下层风的风速就会因得到来自上层风的动量而增大，且风向向右偏转；与此同时，下层速度小的空气流动到上层以后，就会使得上层风速也逐渐减小，且风向向左偏转。每日14～15时左右湍流最强，下层风速达最大值，上层风速则达最小值。

自由大气中风随高度升高，风向渐渐向西偏转，风速逐渐加大，最大风速出现在对流层顶附近。我国上空，一般3000米以上多为偏西风，只有夏季，30°N以南对流层的中上层是偏东风。

人们常说的“树大招风”从气象学的角度看就是树大达到的高度高，而风速随高度的升高而增大，因此，大树更容易经受大风的侵袭。

白云升远岫，摇曳入晴空。

白云在远山处升起，在风的作用下，摇曳地飘入晴空之中。从云的移动表现出高空风很大，这里说的高空风就是高空急流。

白云向空尽

［唐］焦郁

白云升远岫，摇曳入晴空。
乘化随舒卷，无心任始终。
欲销仍带日，将断更因风。
势薄飞难定，天高色易穷。
影收元气表，光灭太虚中。
倘若从龙去，还施济物功。

高空急流是指位于对流层上部和平流层中的狭窄强风带。急流轴线上的最低风速值为30米/秒；在急流轴线附近，风速的切变很强，垂直切变约为每千米

5～10米/秒，水平切变约为每百千米5米/秒。急流的长度多为数千千米，有时可达万余千米，甚至可围绕地球一周；宽度为数百千米至千余千米；厚度为数千米。急流中心的长轴称为急流轴，它是准水平的，大致呈纬向分布。急流轴上的风速并不均匀，有一个或几个极大值中心，有时还出现中断（风速小于30米/秒）。

北半球上空的急流，按其所在的气候带和经常出现的高度，可分为温带急流、副热带急流、热带东风急流和平流层急流四类。影响我国的主要是前三类急流。

温带急流：温带急流出现在中高纬度地区，冬季平均位置在40～60°N之间，平均高度为8～10千米。它始终是偏西风，又称温带西风急流。急流中心的最大风速一般为45～55米/秒，个别曾超过100米/秒。夏季平均位置在70°N附近，平均高度为9～11千米，其强度比冬季弱。我国气象工作者习惯称温带急流为北支急流或北支西风急流。

副热带急流：副热带急流通常位于副热带高压北缘，在同一季节位置比较稳定，冬季一般位于25～32°N，它的平均高度为11～13千米；其中心最大风速一般为50～60米/秒，位于我国东部和日本西南部上空的副热带急流最强，最大风速平均为60～80米/秒，有时可达100～150米/秒，个别曾达200米/秒。夏季位置比冬季偏北10～15纬距，风速几乎减弱一半。由于副热带急流也是偏西风，所以又称副热带西风急流。我国气象工作者习惯称其为南支急流或南支西风急流。

热带东风急流：热带东风急流通常位于副热带高压南缘，其位置变动在10～20°N间，7月最北，平均在15～20°N。急流平均高度约为14～16千米，最大平均风速为30～40米/秒，个别可达50米/秒。夏季，热带东风急流出现在我国华南地区和南海上空。

平流层急流：平流层急流可分为极地平流层急流和热带平流层急流两种。极地平流层急流位于50～70°N上空，高度50～60千米。其风向有明显的季节变化：冬季是西风，夏季是东风。冬季的风速比夏季大得多，冬季平均风速可超过100米/秒，有时在25～30千米高度上出现次大风速中心。热带平流层急流位于20°N附近，高度在25～30千米处，风向偏东，平均风速30～40米/秒。它出现在夏季，有时和对流层东风急流连在一起，形成很厚的东风急流层。

第三章　能见度

能见度是指视力正常的人在当时的天气条件下，能从天空背景中看到并辨认出目标物（黑色、大小适度）轮廓的最大水平距离，单位以米或千米表示。能见度是了解大气的稳定度和垂直结构的天气指标，是保护交通运输安全的一个极为重要的因素。影响能见度大小的因素有目标物和背景的亮度差、视觉对比感阈及大气透明度。能见度的变化主要取决于大气透明度的好坏，烟、雾、霾、沙尘、降水等都是影响能见度的视程障碍天气。

一、雾

从风疑细雨，映日似游尘。不妨鸣树鸟，时蔽摘花人。

雾在微风吹拂下像飘飞的细雨，在阳光照射下像飘浮的灰尘。时散时生、时淡时浓。透过薄雾，可看到鸟在树上鸣叫，薄雾也使得摘花的美女时隐时现。

咏雾诗

［南朝梁］萧绎

三晨生远雾，五里暗城闉。
从风疑细雨，映日似游尘。
乍若飞烟散，时如佳气新。
不妨鸣树鸟，时蔽摘花人。

《咏雾诗》描绘了雾的形成、发展变化过程和天气特征。大雾弥漫三天，五里外的城门都被浓雾笼罩。日光下，随风飘洒的雾宛如蒙蒙细雨，又似浮游于空气中的微尘。忽然像飞烟一般散开，不时给人以新春怡人的惊喜。透过薄雾，可看到鸟在树上鸣叫，雾的时浓时淡也使得摘花的美女时隐时现。

“三晨生远雾，五里暗城闉。”描绘了此次雾持续时间长、覆盖范围广的特征。“从风疑似雨，映日似游尘。”两句写雾的外形，似雨丝游尘，还可以感觉出它的湿润。“乍若飞烟散，时如佳气新。”这两句写雾的变化，总是飘忽不定、变灭斯须，突然消散而又勃然而兴。最后两句写雾的时淡时浓，“鸣树鸟”“摘花人” 在雾里时隐时现，使这雾景显得更加美丽生动了。

雾是悬浮于近地面层中的大量水滴或冰晶使能见度小于10千米的现象。单纯的雾无异味，呈白色或灰白色。雾是在水汽充足、微风及大气稳定的状态下，由于温度逐渐降低，水汽凝结而形成。云和雾都是由水汽组成，区别在于雾与地面相连，而云脱离了地面，可以说雾是地面的云，云是空中的雾。

对于雾的形态、表象，许多诗词里写的淋漓尽致。如：唐朝李峤的《雾》里“类烟飞稍重，方雨散还轻。”雾与烟相类比，它要比烟重一些，与雨相比较，它要比雨轻一些。唐朝董思恭的《咏雾》里“天寒气不歇，景晦色方深”，雾在天寒气温下降，空气达到饱和时才生成，雾天晦暗，万物的颜色都好似变深了。宋朝白玉蟾写的《晓巡北圃七绝 · 其六》里“雨余花点满红桥，柳雪沾泥夜不消。晓雾忽无还忽有，春山如近又如遥。”既写出了生成雾需要空气有大的湿度，又写出了雾的飘忽不定，时淡时浓。真是忽无忽还有，春山如近又如遥。他的另一首《水村吟雾》里“淡处还浓绿处青，江风吹作雨毛腥。起从水面萦层嶂，恍似帘中见画屏。”对雾的特点勾勒得更是形象生动，雾犹如毛毛细雨，在雾中看物，“恍似帘中见画屏”。

根据能见度的不同，雾又分为轻雾和浓雾。能见度小于10千米、大于1千米的称为轻雾；能见度小于1千米的称为浓雾或大雾。我们日常生活中所说的雾一般泛指浓雾。

浓雾知秋晨气润，薄云遮日午阴凉，不须飞盖护戎装。

秋天的早晨雾气渐浓，湿润的空气令人清爽；正午的薄云又遮住了太阳，便不用随从张盖护住我的戎装。该句表达了诗人热爱田园风光的情怀。

浣溪沙·江村道中

［宋］范成大

十里西畴熟稻香，槿花篱落竹丝长，垂垂山果挂青黄。
浓雾知秋晨气润，薄云遮日午阴凉，不须飞盖护戎装。

此词是范成大任四川制置使期间出游时所作。上、下阕都写主观感受，但上阕偏重于主观情绪。

“浓雾知秋晨气润”，写出清晨在浓雾中行进的那种微妙的感觉：秋晨田野上往往飘散着浓浓的雾霭。古人说“一叶知秋”，殊不知浓雾亦可知秋，这种由艺术到哲理性的提炼为前人所未道，因而显得非常新颖独特。雾浓则湿度大，湿度大则空气润。

“浓雾知秋”说明秋季多雾，这主要是由雾的性质决定的。词中所讲的雾叫作辐射雾，它是由于辐射冷却作用而形成的。形成辐射雾的天气条件是晴夜、微风、湿度大。秋季天气晴好少云，白天在太阳的照射下，地表吸收来自太阳的辐射能，并放出热量，近地面气层增温快，上层增温慢，气温向上垂直递减，有利于水汽扩散。到了夜晚，地面辐射冷却强，失热多，致使近地面气层温度迅速降低，有利于水汽的凝结和逆温的形成。随着气温的不断降低，湿度增大，慢慢趋近饱和，水汽析出，形成雾。有微风时，不强的扰动气流使辐射冷却作用向上传递，扩展到适当厚度，就有利于雾的形成。但如果风力太大，则扰动过强，水汽扩散到较高的气层，使低层水汽含量较少，同时又使低层空气与高层空气相混合，不利于低层降温，也不利于雾的形成。因此，形成辐射雾的风一般都是1～3米/秒的微风。

从辐射雾形成条件可以看出它的特点和规律：

一是日变化明显，多形成于秋冬季的下半夜到清晨，日出前后最浓，之后随气温升高，逆温层遭到破坏而消散。辐射雾常预示着天气晴好，故有“十雾九晴”的说法。唐代诗人白居易的《花非花》里“花非花，雾非雾。夜半来，天明去。”说的就是辐射雾多形成在夜里，天明以后就消散了。南北朝陶弘景的《答谢中书书》里“晓雾将歇，猿鸟乱鸣；夕日欲颓，沉鳞竞跃。”也说明辐射雾到了天明以后就要消散了。还有五代李煜的《菩萨蛮·花明月暗笼轻雾》

“花明月暗笼轻雾，今宵好向郎边去。”唐代刘禹锡的《竹枝词·其四》“日出三竿春雾消，江头蜀客驻兰桡。”唐代李益的《水亭夜坐赋得晓雾》“月落寒雾起，沈思浩通川。”宋代苏轼的《犍为王氏书楼》“江边日出红雾散，绮窗画阁青氛氲。”等描述的都是辐射雾的这个特点。

二是受地形影响很大，地方性特点显著。潮湿的洼地、盆地和山谷，除地面辐射冷却外，四周的冷空气也容易汇集其中，特别容易生成雾。由于地形的不同，往往在相距不远的地方，有的浓雾弥漫，有的仅有轻雾，有的甚至远山也历历在目，差别很大。如五代牛希济的《生查子·春山烟欲收》“春山烟欲收，天澹星稀小。”唐代张旭的《山中留客》“山光物态弄春晖，莫为轻阴便拟归。纵使晴明无雨色，入云深处亦沾衣。”说的就是山中辐射雾的这个特点。

三是辐射雾一般厚度较薄，通常只有几十米至几百米。

秋城海雾重，职事凌晨出。

描述的是海边出现平流雾，清晨出门办差，在雾中行走的情景。

凌雾行

［唐］韦应物

秋城海雾重，职事凌晨出。
浩浩合元天，溶溶迷朗日。
才看含鬓白，稍视沾衣密。
道骑全不分，郊树都如失。
霏微误嘘吸，肤腠生寒栗。
归当饮一杯，庶用蠲斯疾。

《凌雾行》描绘了大雾天气行走的场景。早晨冒着大雾出去办公，空旷的天空，看不见太阳，到处都是一片模模糊糊的样子。头上和衣服上结满了雾气形成的霜，路上骑马的人不到近前都分不清，道路两边的树像消失了一样。雾中行走，皮肤感到非常寒冷，回去一定要喝一杯酒，暖暖身体，除去引起肌肤寒颤的寒气。

诗中提到的雾可能是平流雾，它是暖湿空气平流到冷的下垫面（地面或海面）上，使低层空气逐渐冷却而形成的。

形成平流雾的天气条件是：下垫面与暖湿空气温差较大，暖湿空气湿度大，适宜的风向、风速（2～7米/秒）。当暖湿空气平流到冷的下垫面时，低层空气会迅速冷却从而形成平流逆温，平流逆温起到了限制空气的垂直混合发展和聚集水汽的作用，从而在整个逆温层中形成雾。随着逆温层的发展，雾层逐渐向上扩展，直到接近逆温层顶。适宜的风向和风速不但能源源不断地输送暖湿空气，而且能产生适度的垂直混合，使雾达到一定的厚度。

从平流雾的形成条件可以看出它的特点和规律：

一是没有明显的日变化特征。只要具备形成平流雾的条件，什么时间都可以出现。

二是来去突然。只要有适宜的风向和风速，雾会迅速生成。一旦风向转变，雾也随之消散。

三是范围广、厚度大。平流雾可绵延数百余千米，甚至可达千余千米以上，其厚度一般为几百米，有时达两千米左右，下淡上浓，持续时间长。

我国沿海地区是多平流雾的地方，平流雾最多的月份是：广东1～4月，福建2～5月，浙江、江苏3～6月，山东5～8月，辽东半岛6～9月，8月以后我国沿岸的平流雾就很少了。不过在内陆大的江、湖地区也可以出现平流雾。

日暮乡关何处是？烟波江上使人愁。

描述的是太阳落山黑夜来临、暮色漫起的时候，江面上渐渐形成了雾。

黄鹤楼

［唐］崔颢

昔人已乘黄鹤去，此地空余黄鹤楼。
黄鹤一去不复返，白云千载空悠悠。
晴川历历汉阳树，芳草萋萋鹦鹉洲。
日暮乡关何处是，烟波江上使人愁。

《黄鹤楼》描写了在黄鹤楼上远眺的美好景色，是一首吊古怀乡之佳作。以前的仙人已经骑着黄鹤飞走，此地只剩下这座空空荡荡的黄鹤楼。黄鹤飞去以后再也不回返，千载的白云，依旧在楼前荡荡悠悠。登楼远眺，晴朗的江面上，历历在目的是汉阳城上的草树和那布满芳草景色凄迷的鹦鹉洲。天色将晚，暮色弥漫，我的家乡在哪里呢？烟波浩渺的江上，雾气迷漫，引起我无数的忧愁。

本诗提到的雾是蒸发雾，蒸发雾是指冷空气流经温暖水面，由于空气温度与水温相差较大，则水面蒸发的大量水汽，在水面附近的冷空气冷却下，发生凝结而成的雾。这时，雾层上往往有逆温层存在，空气上热下冷，无法形成对流，否则雾会消散。蒸发雾范围小，强度弱，一般发生在秋冬季节的江、河、湖面上。如：宋代范仲淹的《苏幕遮·怀旧》里“碧云天，黄叶地，秋色连波，波上寒烟翠。”描写的就是秋天水面上形成的蒸发雾。唐代刘禹锡的《浪淘沙·其六》里“日照澄洲江雾开，淘金女伴满江隈。美人首饰侯王印，尽是沙中浪底来。”写出了蒸发雾在日出之后，地表增温，逆温层遭到破坏后就会消散。

蒸发雾的形成往往有逆温层的存在，因此，很多诗词在描写蒸发雾时往往也会有辐射雾的体现。如南朝梁伏挺的《行舟值早雾》中“水雾杂山烟，冥冥不见天。听猿方忖岫，闻濑始知川。渔人惑澳浦，行舟迷泝沿。日中氛霭尽，空水共澄鲜。”其中的“水雾”即是蒸发雾，“山烟”即是辐射雾。两种雾叠加在一起，雾气更浓，尽管渔家轻车熟路，港湾近在咫尺，大雾弥漫之中却也茫然无措。一旦日出增温雾气就会散去，水面上就晴空万里了。

二、风沙

眼见风来沙旋移，经年不省草生时。

描述了塞北春季多风沙的状况。眼看着沙尘随风飞旋着向前移动，在这茫茫的沙碛上怕是永远看不到草木生长了吧。

度破讷沙二首　其一

［唐］李益

眼见风来沙旋移，经年不省草生时。
莫言塞北无春到，总有春来何处知。

诗人描述了某年春天过破讷沙漠时遇上了沙尘暴的情景。“眼见风来沙旋移”高屋建瓴，气势逼人，仅一个“旋”字，足见风沙来势猛烈。正因为看到了沙尘暴的亲历，诗人才会有“经年不省草生时”的联想。但是，诗人襟怀博大，生性乐观，接下两句诗意为之一转：“莫言塞北无春到，总有春来何处知。”这两句用以退为进的笔法，表现塞北终年无春的特征。

沙尘暴是指强风将地面的沙土卷到空中，使地面能见度小于1千米的现象。沙尘暴天气主要发生在冬春季节，这是由于冬春季干旱区降水甚少，地表异常干燥松散，抗风蚀能力很弱，在有大风刮过时，就会将大量沙尘卷入空中，形成沙尘暴天气。

我国沙尘暴发生的空间规律是西部多于东部，北方多于南方，主要集中在我国西北、华北和内蒙古的干旱和半干旱地区，一年四季均有发生，但以冬末春初最多。据相关文献记载，出现在2～5月份的沙尘暴，占总数的78.3%，其中又以3～4月份最为频繁，占总数的49.2%。这是由两方面的因素造成的，一是我国北方、西北地区降水少，气候干旱，植被覆盖率低，抗风蚀能力弱，沙漠和沙化面积大；二是冬春季节我国长城以北仍然受冬季风影响，冬季风风力强劲，能将疏松的沙土吹起，形成沙尘暴。此外，人口增长迅速、工农业破坏性开发、过度放牧草场退化、温室气体排放等也是造成沙尘暴不可低估的因素。

沙尘暴不仅污染自然环境、破坏农作物生长，还会造成火灾、农业减产、建筑物倒塌、人畜伤亡等，因此，人们需要关注沙尘暴的预警信息，做好防范，具体参见表3-1。

表3-1　沙尘暴预警信号及防范

图例	含义	防御指南
沙尘暴 黄 SAND STORM	12 h内可能(或已经)出现沙尘暴天气(*VV*<1000 m)	1.政府及相关部门按照职责做好防沙尘暴工作； 2.关好门窗，加固围板、棚架、广告牌等易被风吹动的搭建物，妥善安置易受大风影响的室外物品，遮盖建筑物资，做好精密仪器的密封工作； 3.注意携带口罩、纱巾等防尘用品，以免沙尘对眼睛和呼吸道造成损伤； 4.呼吸道疾病患者、对风沙较敏感人员不要到室外活动。

续表 3-1

图例	含义	防御指南
沙尘暴 橙 SAND STORM	6 h内可能(或已经)出现强沙尘暴天气(*VV*<500 m)	1.政府及相关部门按照职责做好防沙尘暴应急工作; 2.停止露天活动和高空、水上等户外危险作业; 3.机场、铁路、高速公路等单位做好交通安全的防护措施,驾驶人员注意沙尘暴变化,小心驾驶; 4.行人注意尽量少骑自行车,户外人员应当戴好口罩、纱巾等防尘用品,注意交通安全。
沙尘暴 红 SAND STORM	6 h内可能(或已经)出现特强沙尘暴天气(*VV*<50 m)	1.政府及相关部门按照职责做好防沙尘暴应急抢险工作; 2.人员应当留在防风、防尘的地方,不要在户外活动; 3.学校、幼儿园推迟上学或者放学,直至特强沙尘暴结束; 4.飞机暂停起降,火车暂停运行,高速公路暂时封闭。

注:*VV*,visibility value的缩写,代表能见度值。

沙尘风起昼冥冥,二月黄河尚带冰。

描述了冬春季我国北方风沙浮尘天气,沙子和尘土被风扬起,白天的天空仍然阴沉昏暗。

送句吴豪士重游大梁三首　其一

［明］宋登春

沙尘风起昼冥冥,二月黄河尚带冰。
桑柘夕阳村店路,同谁走马吊韩陵。

沙尘即风沙与浮尘天气,依据影响能见度的不同,风沙又分为扬沙和沙尘暴天气。能见度小于1千米称为沙尘暴,能见度大于1千米而小于10千米称为扬沙。浮尘是风沙的伴生现象,大风过后,一些较大而重的沙粒纷纷降落在地面上,而细小的尘粒仍浮游在空中,便形成浮尘。浮尘可以随风飘移,当空中风速较大时,常可飘移到地面没有大风的地区。浮尘的底界通常与地面相接,顶界则在逆温层下,它的浓度随高度升高而增加,并以其顶界附近为最浓。因而有浮尘时,能见度一般随高度升高而减小,而以浮尘顶界最恶劣。浮尘以上的水平能见度是较好的。

本诗描写的恰恰是冬春季节我国西北地区这种风沙和浮尘天气。冬春季节，我国北方地区，草木不盛、降水很少、土地疏松，遇有强风，沙尘就会随风飞扬，形成风沙和浮尘天气。由于地面的风具有午后最大、夜间减小的日变化规律，因此，风沙和浮尘天气也以午后出现最多。

出现风沙或浮尘时，远处景物和天空呈土黄色，太阳呈苍白色或淡黄色，也就是本诗所说“沙尘风起昼冥冥”。

第四章　降水

降水是大气中的水汽凝结或凝华后以液态水或固态水降落到地面的天气现象。自然界中发生的雨、雪、露、霜、霰、雹等现象都统称为降水。形成降水需要具备充足的水汽，较多的凝结核，使气块能够抬升并冷却凝结。形成降水的三个条件受地理位置、大气环流、天气系统条件等因素影响。人工降水就是根据自然降水形成的原理，人为补充某些形成降水的必需条件，促进云滴迅速凝结并与其他云滴碰撞合并而增大形成降水。对于不同的云需采用不同的催化方法。

我国的降水主要是由东南季风带来的，东南季风为我国带来海洋的水汽。我国东南沿海地区会最先得到东南季风带来的水汽，形成丰富的降水，是我国年降水量最为丰富的地区。西南季风也为我国带来降水，影响到我国华南一带。当西南季风发展强盛时，也可深入到长江流域。由于我国的降水主要是由东南季风带来海洋的水汽而形成，受夏季风的影响，降水自东南沿海向西北内陆逐渐减少。我国北方的华北、东北地区相对于西北地区距海洋较近，在每年7月下旬至8月上旬会进入全年中降水较多的雨季。而我国北方的西北地区由于深居内陆，距海遥远，是我国年降水量最少的干旱地区。

一、雨

东边日出西边雨，道是无晴却有晴。

描写的是同一个地区，在同一时刻，天气是不同的。东边还出着太阳，西边却在下雨，说是无晴但还是有晴。这里反映的降水可能是地形降雨，也可能是对流降雨。

竹枝词二首·其一

［唐］刘禹锡

杨柳青青江水平，闻郎江上唱歌声。
东边日出西边雨，道是无晴却有晴。

《竹枝词》是古代巴渝（今四川省东部重庆一带）民歌的一种，人们边舞边唱，用鼓和短笛伴奏，声调婉转动人。刘禹锡任夔州刺史时创作了多首《竹枝词》，这是其中一首。它描写了一个初恋的少女在杨柳青青、江平如镜的春日里，听到情郎的歌声所产生的内心活动。她爱着这个人，但还不知道对方的态度，因此既抱有希望，又含有疑虑，既喜欢又担忧。诗人用少女自己的口吻，将这种微妙复杂的心理成功地表达出来。"晴"同"情"，双关语。诗的大意是"杨柳青翠，江水平静清澈。在这美好的环境里，少女忽然听到自己心上人的歌声从岸边传来。他对自己是否有情，少女并不清楚。因此她就想，这人啊，倒是有点像晴雨不定的天气，说它是晴天，西边还下着雨；说它是雨天，东边还出着太阳。是晴是雨，真是令人难以捉摸。"这种是晴是雨的天气，我们在夏季经常会见到，它表现出来的特点是在同一地区，同一时刻看到的天气是不同的，这种天气现象可以从两种降雨特点来解释。

第一种是地形雨。此句诗主要揭示了山地迎风坡降水多，背风坡降水少的道理。夏季，当气流越山，由于受到山地的迎风坡的阻挡，气流被迫抬升。气流在上升的过程中，由于绝热冷却，使水汽凝结，在山的迎风坡上形成地形雨。而在山的背风坡，气流下沉，绝热增温，不易凝结降水而成为雨影区。这样，在山的两侧就会形成晴雨不同的鲜明对比。

第二种是对流雨。主要是热力对流性降雨，气象也称为热雷暴。夏季午后，由于太阳的辐射强，地面增温快，地面向空气放出长波辐射，致使靠近地面的气层剧烈增温，近地面气层的气温垂直递减率增大；而高层空气却因离地远而增温较少，整个气层呈现着上冷下热，大气层结不稳定的状态；又因地表性质不均，有的地表增温快，有的地表增温慢，相邻两地之间的空气就存在着温差，这就必然引起空气对流运动的产生。当水汽比较充沛时，积状云就能发展为积雨云而产生热雷暴。热雷暴的生消是和气温的日变化密切联系的。热雷暴多发生在午后，傍晚因对流减弱也就逐渐消散了。这主要是由于傍晚辐射减弱，大气层结趋于稳定，不稳定能量补充不上，对流停止发展而形成。“日闪不到夜”正是形容热雷暴的特点。欧阳修的《临江仙·柳外轻雷池上雨》里“柳外轻雷池上雨，雨声滴碎荷声。小楼西角断虹明。阑干倚处，待得月华生。”描写了夏日傍晚，雷阵雨已过，月亮升起后的景象。这里的雷阵雨也是由于午后热力对流产生的热雷暴天气，到了傍晚而消散。热雷暴的范围一般较小，历时短，且孤立分散，各雷暴云间常有明显的空隙。这也就说明了为什么会“东边日出西边雨，道是无晴却有晴”了。

这里还需指出，山区除具有地形雨外，也有雷阵雨等天气，这就更增加了东边日出西边雨的概率。

黑云翻墨未遮山，白雨跳珠乱入船。

夏日的晴空，突然乌云翻腾，大雨倾盆，一会儿又风吹云散，雨过天晴，这句诗主要表现的是地方性阵雨天气。

六月二十七日望湖楼醉书

［宋］苏轼

黑云翻墨未遮山，白雨跳珠乱入船。
卷地风来忽吹散，望湖楼下水如天。

作者游览西湖，坐在船上正好划到望湖楼下，乌云翻滚涌来，如同打翻墨砚的墨汁，还未来得及把山遮住，就已经大雨倾盆了。白亮亮的雨点落在湖面溅起无数水花如白珠碎石，乱纷纷地跳进船舱。猛然间，狂风平地而来，吹散了满天的乌云。当他跑到望湖楼上喝酒聊天时，看到的却是那西湖的湖水碧波如镜，一派温柔明媚的风光。很明显，诗中提到的这种雨短促、开始和终止都很突然、强度变化很大的降水类型就是阵雨。

诗人通过湖上急剧变化的自然景物“云翻、雨泻、风卷、天晴”，描写的正是夏季热力对流产生的阵雨天气的特点。地表受热力作用，温度不同使冷暖空气呈上下对流运动而成云致雨，形成阵雨。这种天气常出现在夏季午后，因日照强，地表增温快，蒸发旺盛，空气受热膨胀上升，至高空冷却，凝结成雨。

其特点：一是对流发展迅速，从发展、成熟到消散整个过程大约在1小时左右；二是云体高，高度可达12千米左右，云底铅黑混乱，雨滴大而重，倾盆急降，有时还会雷电交加；三是范围一般较小，一个热力对流的单体的水平尺度约为5～10千米。

“黑云翻墨未遮山，白雨跳珠乱入船。”诗人用黑云翻墨写出了云体之暗、云底之黑，写出了云的来势。未遮山：骤雨才有的景象，也说明其范围较小。一个“未”字，突出了天气变化之快，还没有把山遮住，“跳珠”就已经入船。用跳珠描绘雨的特点，说明是骤雨而不是久雨。一个“跳”字，一个“乱”字，写出了暴雨之大、雨点之急。卷地风：说明雨过得快的原因，也写出了对流天气的携风带雨。忽吹散：“忽”字用得十分轻巧，却突出天色变化之快，显示了风的巨大威力，吹得湖面上霎时雨散云飞。最后用“水如天”写一场骤雨的结束，雨过天晴，风平浪静，诗人舍船登楼，凭栏而望，只见湖面如天空一般开阔而平静。写的有远有近、有动有静、有声有色、有景有情。

雷车动地电火明，急雨遂作盆盎倾。

雷声阵阵响彻天地，闪电像火一般照亮整个空间，阵雨很急、很大，像从盆里往下倒一样。

七月十九日大风雨雷电

［宋］陆游

雷车动地电火明，急雨遂作盆盎倾。
强弩夹射马陵道，屋瓦大震昆阳城。
岂独鱼虾空际落，真成盖屐舍中行。
明朝雨止寻幽梦，尚听飞涛溅瀑声。

此诗描述了雷雨天气过程，气象上将这种伴有雷击、闪电、滂沱大雨或冰雹的局地对流天气称为雷暴。雷暴产生需要三个条件：大量的水汽，大气层结不稳定，足够的冲击力。一个雷暴通常由一个或几个单体所组成。雷暴单体是一个对流单元，其生命史可分为三个阶段，即发展阶段、成熟阶段和消散阶段。不同阶段内云的结构、云中气流和电场强度有很大差别。

发展阶段：这一阶段又称积云阶段，即从形成淡积云到发展成浓积云的阶段。这个阶段云内盛行上升气流，而且以云的中上部分最强，上升速度可达15～20米/秒。云主要是由水滴组成，但云的上部为过冷水滴和少量冰晶，这些水滴和冰晶还很小，所以能被云中上升气流托住浮游在空中。积云阶段有电荷产生和聚集，但电场不强，没有闪电和雷声发生。在这个阶段，云顶可达6000～7500米。

成熟阶段：出现降水是这一阶段开始的标志，云顶成砧状则是该阶段外形的主要特征。成熟期的雷暴云体上部由冰晶和雪花组成，中部由过冷水滴和冰晶、雪花组成，下部由水滴组成。进入成熟期不久的雷暴单体，云中上升气流一般在云的中上部达到最大值，可达25～30米/秒。云中水滴或冰晶不断增多增大，直到上升气流再也托不住时，就下落成为降水。降水物对周围空气的拖带作用，形成下降气流，其速度大小一般可达10～15米/秒。因为云中气层不稳定，同时从上部降落的冰晶、雪花不断融化吸热，所以下降气流中的温度比其周围空气温度低。这种相对冷的空气随降水一起倾泻至地面，引起地面气压急升、气温骤降（往往在20～30分钟内降温达10℃左右）、风向突变、风速剧增。云中下降气流一般要比上升气流弱，而在云的下部，下降气流则要强一些，强的下降气流到达地面产生大于18米/秒的雷暴大风，这样的下降气流则称为下击暴流。随着云的发展，云中电荷不断聚积，电位梯度不断增大，就出现了闪电和雷声。雷电、强烈的乱流、降雨、大风等恶劣天气都在这一阶段出现。

消散阶段：一阵电闪雷鸣、狂风暴雨之后，雷暴云就进入消散阶段，这时下降气流遍布云中。在这一阶段初期，云中下降气流还比较强，随后，下降气流逐渐减弱，直至完全消失。同时，云体也逐渐崩溃，云的上、中部演变成伪卷云、高积云，下部演变为层积云，而云底有时还有些破碎的低云。至此，一个雷暴单体的发展过程也就结束了。

一个雷暴单体的水平尺度约为5～10千米，高度可达12千米左右，生命期为1小时左右。雷暴云通常不是由一个雷暴单体组成的，它往往是包含了许多处于不同发展阶段的单体，一个消亡了，另一个又发展起来，此消彼长就形成了数小时的雷暴。

七八个星天外，两三点雨山前。

乌云四起，透过云隙可以看到时隐时现、稀疏的星光。山前下起了淅淅沥沥的小雨，预示着大雨将至。

西江月·夜行黄沙道中

［宋］辛弃疾

明月别枝惊鹊，清风半夜鸣蝉。
稻花香里说丰年，听取蛙声一片。
七八个星天外，两三点雨山前。
旧时茅店社林边，路转溪桥忽见。

天边的明月升上了树梢，惊飞了栖息在枝头的喜鹊。清凉的晚风仿佛传来了远处的蝉叫声。在稻花的香气里，人们谈论着丰收的年景，耳边传来一阵阵青蛙的叫声，好像在说着丰收年。天空中轻云漂浮，闪烁的星星时隐时现，山前下起了淅淅沥沥的小雨，从前那熟悉的茅草店依然坐落在土地庙附近的树木中，拐个弯，茅草店忽然出现在眼前。诗中雨滴已经洒向山前，紧接着便会洒向山后。普通人夜间途中遇雨，心情应该是着急的，然而诗人却用轻松的笔触，用不确定的几颗星，不确定的几点雨，显现出漫不经心的悠闲从容。

古诗词中有很多描述降雨强度的诗句，本诗中描述的降雨强度较小，称为小雨。

降雨强度是指降雨在观测时段内的强弱程度，用单位时间内降雨量的多少区分。

降雨量是指在一定时间内，从天空降落到地面上的雨水，未经蒸发、渗透、流失而积聚的水层深度，一般以毫米为单位。它可以直观地表示降雨的强弱，降雨量是区域水资源量计算的重要依据。

降雨等级的划分，一般以时或日降雨量衡量。

浣溪沙·漠漠轻寒上小楼

［宋］秦观

漠漠轻寒上小楼，晓阴无赖似穷秋。淡烟流水画屏幽。
自在飞花轻似梦，无边丝雨细如愁。宝帘闲挂小银钩。

“无边丝雨细如愁”用丝丝细雨落下来形容作者的忧愁。这里的细雨指小雨。

小雨：一般指降水强度较小的雨。我国气象上规定：1小时内的降雨量小于或等于2.5毫米的雨，或24小时内的降雨量在10毫米以内的雨。

春日五首·其二

［宋］秦观

一夕轻雷落万丝，霁光浮瓦碧参差。
有情芍药含春泪，无力蔷薇卧晓枝。

“一夕轻雷落万丝”描画了绵绵细雨，伴着轻微的雷声，飘洒了一夜，“万丝”指的是中雨。

中雨：一般指降水强度中等的雨。我国气象上规定：1小时的降雨量为2.6～8.0毫米的雨，或24小时内的降雨量为10.0～24.9毫米的雨。

咸阳值雨

［唐］温庭筠

咸阳桥上雨如悬，万点空蒙隔钓船。
还似洞庭春水色，晓云将入岳阳天。

虞美人·听雨

［宋］蒋捷

少年听雨歌楼上，红烛昏罗帐。壮年听雨客舟中，江阔云低、断雁叫西风。
而今听雨僧庐下，鬓已星星也。悲欢离合总无情，一任阶前、点滴到天明。

大雨：一般指降水强度较大的雨。我国气象上规定：1小时内的降雨量为8.1～15.9毫米的雨，或24小时内的降雨量为25.0～49.9毫米的雨。

十一月四日风雨大作

［宋］陆游

僵卧孤村不自哀，尚思为国戍轮台。
夜阑卧听风吹雨，铁马冰河入梦来。

秋雨叹三首·其二

［唐］杜甫

阑风长雨秋纷纷，四海八荒同一云。
去马来牛不复辨，浊泾清渭何当分。
禾头生耳黍穗黑，农夫田妇无消息。
城中斗米换衾裯，相许宁论两相值。

暴雨：降水强度很大的雨。我国气象上规定：1小时内的雨量为16毫米或以上的雨，或24小时内，降雨量在50～100毫米以内的雨。24小时内，降雨量在100～250毫米以内为大暴雨。24小时内，降雨量在250毫米以上为特大暴雨。

海康书事十首（其九）

［宋］秦观

一雨复一旸，苍茫飓风发。
怒号兼昼夜，山海为颠蹶。
云何大块噫，乃尔不可遏。
黎明众窍虚，白日丽空阔。

有美堂暴雨

［宋］苏轼

游人脚底一声雷，满座顽云拨不开。

天外黑风吹海立，浙东飞雨过江来。

十分潋滟金樽凸，千仗敲铿羯鼓催。

唤起谪仙泉洒面，倒倾鲛室泻琼瑰。

我们在听天气预报时还会经常听到，小到中雨、中到大雨等等，这个降雨量又是多少呢?

小到中雨：24小时内，降雨量为5～16.9毫米。

中到大雨：24小时内，降雨量为17～37.9毫米。

大到暴雨：24小时内，降雨量为38～74.9毫米。

当降雨达到一定强度时，就会危及甚至危害到人们的生命和财产安全，就要发布暴雨预警信号。我国暴雨预警信号分为四级，分别以蓝色、黄色、橙色、红色表示，红色为最高级，具体见表4–1。

表4–1　暴雨预警信号及防范

图例	含义	防御指南
暴雨 蓝 RAIN STORM	P_{12h}>50 mm（或已经达到）	1.相关部门按照职责做好防暴雨准备工作； 2.学校、幼儿园采取适当措施，保证学生和幼儿安全； 3.驾驶人员应当注意道路积水和交通阻塞，确保安全； 4.检查城市、农田、鱼塘排水系统，做好排涝准备。
暴雨 黄 RAIN STORM	P_{6h}>50 mm（或已经达到）	1.相关部门按照职责做好防暴雨工作； 2.交通管理部门应当根据路况在强降雨路段采取交通管制措施，在积水路段实行交通引导； 3.切断低洼地带有危险的室外电源，暂停在空旷地方的户外作业，转移危险地带人员和危房居民到安全场所避雨； 4.检查城市、农田、鱼塘排水系统，采取必要的排涝措施。

续表4-1

图例	含义	防御指南
暴雨 橙 RAIN STORM	P_{3h}>50 mm（或已经达到）	1. 相关部门按照职责做好防暴雨应急工作； 2. 切断有危险的室外电源，暂停户外作业； 3. 处于危险地带的单位应当停课、停业，采取专门措施保护已到校学生、幼儿和其他上班人员的安全； 4. 做好城市、农田的排涝，注意防范可能引发的山洪、滑坡、泥石流等灾害。
暴雨 红 RAIN STORM	P_{3h}>100mm（或已经达到）	1. 相关部门按照职责做好防暴雨应急和抢险工作； 2. 停止集会、停课、停业（除特殊行业外）； 3. 做好山洪、滑坡、泥石流等灾害的防御和抢险工作。

连续性的暴雨、短时间的大暴雨，来势迅猛，雨量集中，水位急涨，大面积大量积水。我国暴雨东部多，西部少；沿海多，内陆少；平原湖区多，高原山地少。在我国夏季，除西部沙漠地区外均有暴雨，南方和东部地区有大暴雨和特大暴雨。

蓝色预警：12小时内降雨量将达到或已达到50毫米以上，且降雨还在持续。能够代表降雨物象的诗词有杜甫的《茅屋为秋风所破歌》：“床头屋漏无干处，雨脚如麻未断绝。”

黄色预警：6小时内降雨量将达到或已达到50毫米以上，且降雨还在持续。能够代表降雨物象的诗词有柳宗元的《登柳州城楼寄漳汀封连四州》：“惊风乱飐芙蓉水，密雨斜侵薜荔墙。”

橙色预警：3小时内降雨量将达到或已达到50毫米以上，且降雨还在持续。能够代表降雨物象的诗词有苏辙的《送王震给事知蔡州》：“旱岁独多麦，时雨如倾盆。”

红色预警：3小时内降雨量将达到或已达到100毫米以上，且降雨还在持续。能够代表降雨物象的诗词有陆游的《湖上急雨》：“溪烟一缕起前滩，急雨俄吞四面山。”

二、雪

六出飞花入户时，坐看青竹变琼枝。

雪花飘舞着飞入庭户，窗外的翠竹已经铺满了雪花，枝条变成了洁白的琼枝。该诗句描写冬季很常见的一种天气现象——雪，反映了降雪量的多少。

对雪

［唐］高骈

六出飞花入户时，坐看青竹变琼枝。
如今好上高楼望，盖尽人间恶路岐。

诗人坐在窗前，欣赏着雪花飘舞着飞入庭户，窗外的翠竹已经铺满了雪花，枝条变成了洁白的琼枝。于是，诗人想到，如果此时登上高楼去远望，那野外一切崎岖难走的道路都将被大雪覆盖，展现在眼前的将是坦荡无边的洁白世界。诗人希望白雪能掩盖人世间一切险恶，让世界变得与雪一样洁白美好。

雪的形成需要三个条件：一是温度足够低，一般在零度以下；二是要有充分的水汽；三是大气中含有冰晶核。古诗词中有很多描述雪的诗句，从诗句中我们能够感受到雪花的轻盈、雪的洁白、雪的大小。抛开诗人咏雪寄情的寓意不谈，只从气象的角度来看，本诗描述的是纷纷扬扬的雪花，满天飞舞，下了很长时间，竹子上已经铺满了雪花，雪还在下。

我们所说的小雪、中雪、大雪等，表示的都是降雪的大小，也就是降雪强度。降雪强度用降雪量来表示，是指单位时间内或某一时段的降雪量。降雪量是指将雪转化成等量的水的深度，与积雪厚度可按照1∶15的比例换算。例如，5.0毫米降雪量约为7.5厘米厚的积雪。降雪等级的标准如下。

小雪：降雪强度较小的雪。我国气象上规定：下雪时，水平能见度在1千米或以上，24小时内积雪深度在3厘米以下，或降雪量小于2.5毫米的雪。

长空降瑞，寒风翦，淅淅瑶花初下。

描写雪花纷纷扬扬开始飘下，说明雪量较小。

望远行·长空降瑞

［宋］柳永

长空降瑞，寒风翦，淅淅瑶花初下。
乱飘僧舍，密洒歌楼，迤逦渐迷鸳瓦。
好是渔人，披得一蓑归去，江上晚来堪画。满长安，高却旗亭酒价。
幽雅。乘兴最宜访戴，泛小棹、越溪潇洒。
皓鹤夺鲜，白鹇失素，千里广铺寒野。
须信幽兰歌断，彤云收尽，别有瑶台琼榭。
放一轮明月，交光清夜。

降瑞：降下瑞雪。瑶花，即瑶华，玉之美者，此处谓雪花。

中雪：降雪强度中等的雪。我国气象上规定：下雪时，水平能见度在0.5～1千米之间，24小时内积雪深度在3～5厘米，或降雪量为2.5～4.9毫米的雪。

清平乐·雪

［宋］孙道绚

悠悠飏飏，做尽轻模样。半夜萧萧窗外响，多在梅边竹上。
朱楼向晓帘开，六花片片飞来。无奈熏炉烟雾，腾腾扶上金钗。

“半夜萧萧窗外响，多在梅边竹上。”描述黄昏之际，雪花开始漫天飞舞，半夜时分睡在床上，诗人能听到雪压梅树和竹枝，又从枝条上掉落的声音。说明雪量不小。

大雪：降雪强度较大的雪。我国气象上规定：下雪时，水平能见度小于0.5千米，24小时内积雪深度在5～8厘米，或降雪量5.0～9.9毫米的雪。

夜雪

［唐］白居易

已讶衾枕冷，复见窗户明。

夜深知雪重，时闻折竹声。

“夜深知雪重，时闻折竹声。”描述夜间下的这场雪很大，不时能听到院子里的竹子被雪压折的声响。从听觉写出这是一场大雪。

暴雪：降雪强度更大的雪。我国气象上规定：下雪时，水平能见度小于0.5千米，24小时内积雪深度在8厘米以上，或降雪量≥10.0毫米的雪。

天山雪歌·送萧治归京

［唐］岑参

天山雪云常不开，千峰万岭雪崔嵬。
北风夜卷赤亭口，一夜天山雪更厚。
能兼汉月照银山，复逐胡风过铁关。
交河城边飞鸟绝，轮台路上马蹄滑。
晻霭寒氛万里凝，阑干阴崖千丈冰。
将军狐裘卧不暖，都护宝刀冻欲断。
正是天山雪下时，送君走马归京师。
雪中何以赠君别，惟有青青松树枝。

“北风夜卷赤亭口，一夜天山雪更厚。”描写了冬季我国西北地区的暴风雪天气，雪厚到什么程度，显然是暴雪级别。

卖炭翁

［唐］白居易

卖炭翁，伐薪烧炭南山中。
满面尘灰烟火色，两鬓苍苍十指黑。
卖炭得钱何所营，身上衣裳口中食。
可怜身上衣正单，心忧炭贱愿天寒。
夜来城外一尺雪，晓驾炭车辗冰辙。
牛困人饥日已高，市南门外泥中歇。

翩翩两骑来是谁，黄衣使者白衫儿。
手把文书口称敕，回车叱牛牵向北。
一车炭，千余斤，宫使驱将惜不得。
半匹红绡一丈绫，系向牛头充炭直。

“夜来城外一尺雪，晓驾炭车辗冰辙。”在这里，“一尺雪”系虚数，并非真的一尺厚的雪。但足以说明积雪极深，炭车在雪地上走过，辗出了深深的车辙。

如果有降雪而没有形成积雪，一般称之为“零星小雪”。

柳枝词十三首·其一

［宋］司马光

烟满上林春未归，三三两两雪花飞。
柳条别得东皇意，映堤拂水已依依。

“烟满上林春未归，三三两两雪花飞。”两句说明降雪量比较少，有无积雪尚且难说，即便是有，也应是薄薄一层。

燕山雪花大如席，片片吹落轩辕台。

燕山的雪花其大如席，一片一片地飘落在轩辕台上。描述我国北方冬季寒冷，降雪的雪花非常大。

北风行

［唐］李白

烛龙栖寒门，光曜犹旦开。
日月照之何不及此，惟有北风号怒天上来。
燕山雪花大如席，片片吹落轩辕台。
幽州思妇十二月，停歌罢笑双蛾摧。
倚门望行人，念君长城苦寒良可哀。
别时提剑救边去，遗此虎文金鞞靫。

中有一双白羽箭，蜘蛛结网生尘埃。
箭空在，人今战死不复回。
不忍见此物，焚之已成灰。
黄河捧土尚可塞，北风雨雪恨难裁。

这是一首乐府诗，此题材内容多写北风雨雪、行人不归的伤感之情。诗的大意是，传说在北国寒门这个地方，住着一条烛龙，它以目光为日月，张目就是白天，闭眼就是黑夜。这里连日月之光都照不到啊！只有漫天遍野的北风怒号。燕山的雪花大如席，一片片地飘落在轩辕台上。在这冰天雪地的十二月里，幽州的一个思妇在家中不歌不笑，愁眉紧锁。她倚着大门凝望着来往的行人，盼望她到长城打仗的丈夫回来，长城可是一个苦寒要命的地方啊！丈夫临别时手提宝剑，救边去了，家中仅留下了一个虎皮金柄的箭袋。里面装着一双白羽箭，一直挂在墙上，上面结满了蜘蛛网，沾满了灰尘。如今箭在人却永远回不来了，他已战死在边城。我又怎么忍心见此物呢！于是将其烧了。黄河虽深，捧土尚可塞，唯有此生离死别之恨，如同这漫漫的北风雨雪一样铺天盖地，难以消除。

无论是《北风行》中的“燕山雪花大如席，片片吹落轩辕台。”，还是《嘲王历阳不肯饮酒》中的“地白风色寒，雪花大如手。”，都是用了夸张手法描写雪花之大。据研究表明，雪花的大小与云温有很大关系。但是，并不是温度越低雪花越大，云温越低。云中的水滴和过冷水滴越少，晶体反而不易互相合并。而是在温度相对比较高的情况下，雪花才会大，尤其当云温接近0°时，云中水滴、过冷水滴含量多，云中的晶体在过冷水滴的作用下，才越容易黏合到一起，形成大片雪花，下起鹅毛大雪。因此，鹅毛大雪是气温接近0°左右的产物，并不是严寒的象征。数九寒冬很少出现鹅毛大雪，反而是秋末冬初或冬末春初时常常会出现鹅毛大雪的天气。

李白的诗作里描写了雪花之大，而南朝梁时期的吴均在《咏雪》里却描写了雪花之细、之小。“微风摇庭树，细雪下帘隙。萦空如雾转，凝阶似花积。不见杨柳春，徒看桂枝白。零泪无人道，相思空何益。”雪飘似雾，雪积似花，说明诗中所述的雪花之小。

雪花除大小之外，还有其他一些种类。如：

米雪：白色不透明的粒状或杆状固态降水，直径小于1毫米，落在硬地上不反跳，常降自含过冷水滴的层云或雾中。

霰：白色不透明的球形或圆锥形固态降水，又称雪丸或软雹，直径约2～5毫米，落在硬地上反跳、易碎。降落时，多数情况下具有阵性的特征，常与雪花一起降落。

冰粒：透明或半透明的丸状或不规则固态降水，直径小于5毫米，由雨滴在空中冻结而成，质地坚硬，不易破碎，落在硬地上会反跳，主要降自高层云或雨层云，亦称冰丸。

冰针：针状、片状或柱状的飘浮在空中的微小固态降水。冰针可降自云中，也可从无云的空中降落，多出现在高纬度或高原地区的严冬季节。

星状雪晶：白色的六角辐辏状、薄而透明的固态降水，直径一般在1毫米以下，常与雪花一起降落。

天气系统篇

第五章　锋面

大气中冷暖气团相遇时的狭窄过渡区称为锋，也称锋面。锋的空间结构及气流情况见图5-1。锋在空间呈现倾斜状态，并向冷空气一侧倾斜。它的下面是冷气团，上面是暖气团。锋的倾斜程度，称为锋的坡度，实际大气中锋的坡度很小，通常只有1/300～1/50。锋与地面的交线，称为锋线。锋线的长度为几百千米至数千千米。锋的水平宽度在近地面为数十千米，在高层可达400千米以上，锋所及的高度，可以伸展到对流层顶。锋所掩盖的地区很大，如以坡度为1/100，锋线长为1000千米，高度为10千米的锋为例，它掩盖的面积为100万平方千米。锋处于低压槽内，锋两侧的温度、湿度及风等气象要素都有显著的差异。锋附近盛行上升气流，当大气中的水汽含量较充足时，往往形成复杂的云层和降水，有时还会出现强烈的雷暴带。按照锋的移动情况，可以把锋分为冷锋、暖锋、准静止锋、锢囚锋。

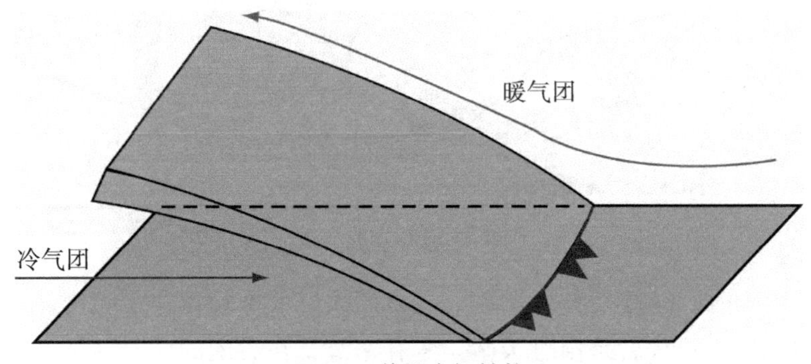

图5-1　锋的空间结构

一、冷锋

冷锋是向暖气团一侧移动的锋。根据其移速，又分为急行冷锋和缓行冷锋两种。

1.急行冷锋

这种冷锋移速快、坡度大（1/80～1/40）。在近地面层中，由于冷空气的前进速度大于暖空气的后退速度，因此，冲击着前方的暖空气，使之产生较为强烈的上升运动。如果暖空气水汽充沛，就会形成浓积云和积雨云。在高层则相反，那里的暖空气的后退速度大于冷空气的前进速度，因而在高层产生了暖空气沿锋面的下滑运动，通常没有云形成（见图5-2）。这种冷锋云系常是一个狭窄的、沿锋线排列得很长的积状云带，顶部常可伸展到10千米以上，而宽度只有数十千米，长度可达数千千米，像一座云的长城。

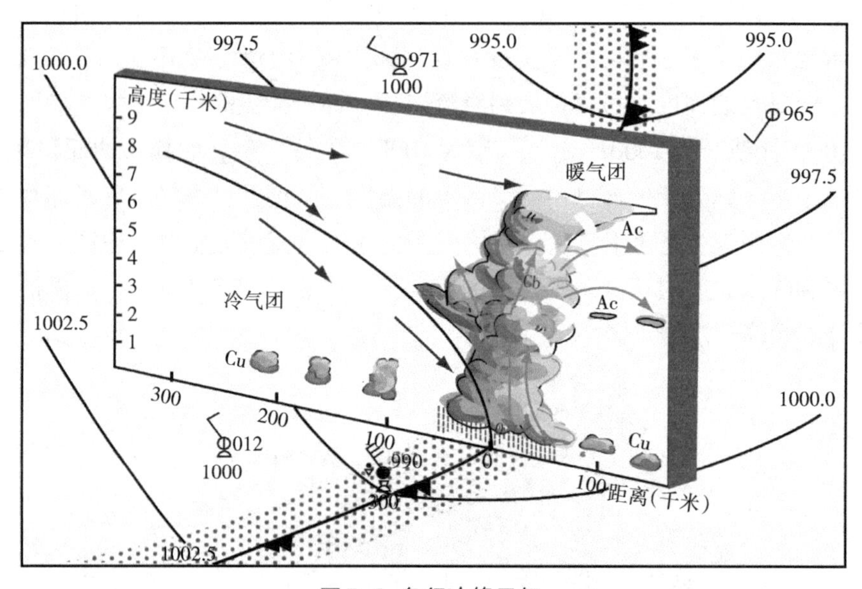

图5-2 急行冷锋天气

锋面影响时，往往是狂风骤起，乌云满天，大雨倾盆，雷电交加，有时还会出现冰雹，但不久就是雨过天晴。冬春季节，在我国的北方地区，这种锋面上通常仅出现一些中、高云，甚至无云天气。但在锋面附近，扰动气流很大，有强烈颠簸。冷锋经过一地时，将会造成大风、风沙和浮尘天气，使空中、地面能见度变得恶劣，影响飞行活动。

忽如一夜春风来，千树万树梨花开。

此诗句出自唐代诗人岑参的《白雪歌送武判官归京》，反映了冷锋过境时先刮风后降水的天气变化特征。

白雪歌送武判官归京

［唐］岑参

北风卷地白草折，胡天八月即飞雪。
忽如一夜春风来，千树万树梨花开。
散入珠帘湿罗幕，狐裘不暖锦衾薄。
将军角弓不得控，都护铁衣冷难着。
瀚海阑干百丈冰，愁云惨淡万里凝。
中军置酒饮归客，胡琴琵琶与羌笛。
纷纷暮雪下辕门，风掣红旗冻不翻。
轮台东门送君去，去时雪满天山路。
山回路转不见君，雪上空留马行处。

“北风卷地白草折，胡天八月即飞雪。忽如一夜春风来，千树万树梨花开。”这是唐玄宗天宝十三年，岑参再度出塞，充任安西北庭节度使判官。同任判官的武某归京，岑参便写下了这首咏雪送别之作《白雪歌送武判官归京》。诗人运用了比喻和夸张的手法，写出了冬季早晨起来看到的奇丽雪景和感受到的突如其来的奇寒这种由急行冷锋带来的天气的神奇变化。

茫茫边塞，强劲的北风呼啸而来，席卷大地，将坚韧的白草拦腰折断。飞沙走石，铺天盖地。时值农历八月中秋，南方正是丹桂飘香、皓月增辉的时候，而胡地却下起了鹅毛般的大雪。雪花飘飘洒洒、纷纷扬扬，积在树枝上，仿佛一夜之间春风忽然而至，漫山遍野绽开了千树万树雪白的梨花。落在山峦上，落在大漠中，整个边塞变成了银装素裹的世界，形成了“千里冰封，万里雪飘”的北国风光，同时也反映出胡地冬季长而严寒的气候特征。雪花飘飘飞入珠饰的帘笼，沾湿了轻软的帐幕。穿着名贵的狐皮大衣不觉得暖和，织锦的被子也会令人感到单薄。将军都护手冻得拉不开坚硬的角弓，他们的铁甲战衣也冰冷得让人不想披戴。无边的大漠沙丘结成了百丈坚冰，昏暗惨淡的天空凝聚着万里阴云。诗人以“春风”使梨花盛开，比拟“北风”使雪花飞舞。“忽如”写出了“胡天”变幻无常，大雪来得急骤。“千树万树梨花开”的壮美意境颇富有浪漫色彩。南方人见过梨花盛开的景象，那雪白的花不仅是一朵一朵，而且是一团一团，花团锦簇，压枝欲低，与雪压冬林的景象极为神似。

我国冬季时的冷锋活动频繁，且多为急行冷锋，移动速度快，冷气团多从俄罗斯、蒙古国进入我国西北地区，故多吹北风。这是急行冷锋过境时先刮风后降雪的天气变化特征。急行冷锋移速快、锋面坡度大。冬季，急行冷锋来临时，如果暖气团中含有大量水汽，就可能带来雨雪天气。冷锋移动速度较快，常常带来较强的风。冷锋过境时容易出现阴天、下雨、刮风、降温等天气现象。冷锋过境后，冷气团替代了原来暖气团的位置，气温骤降，气压升高，天气转晴。

“八月秋高风怒号，卷我屋上三重茅。”“俄顷风定云墨色，秋天漠漠向昏黑。”“床头屋漏无干处，雨脚如麻未断绝。”这三句诗出自唐代诗人杜甫《茅屋为秋风所破歌》，描绘了茅屋被秋风吹破、秋夜屋漏、风雨交加以致全家遭雨淋的痛苦经历，体现了一次急行冷锋的天气过程。

由于冷空气势力强、移速快，强烈冲击着锋线附近的暖空气，使之产生较为强烈的上升运动和扰动气流，锋线附近常常出现大风天气。“八月秋高风怒号，卷我屋上三重茅。”展现的就是急行冷锋过境之前的大风天气，冷锋来势之猛、势力之大，风大到连茅屋顶的茅草都被吹走了，茅草乱飞散落在对岸江边。飞得高的茅草缠绕在高高的树梢上，飞得低的飘飘洒洒沉落到池塘和洼地里，令人不寒而栗，暗示了天气的恶劣。

在夏季，暖空气潮湿不稳定时，锋线附近形成带状排列的浓积云和积雨云，天气变化快、表现剧烈，“俄顷风定云墨色，秋天漠漠向昏黑。”说明了冷锋云层加厚，这是暖气团被冷气团强烈抬升的结果，让人有“黑云压城城欲摧”之感。一会儿，风停了，天空中乌云像墨一样黑。房顶的雨水像麻线一样不停往下漏。之后“床头屋漏无干处，雨脚如麻未断绝。”这时下起了大雨，锋面过境。这三句把夏季急行冷锋过境时出现的天气特征描绘得淋漓尽致。

茅屋为秋风所破歌

［唐］杜甫

八月秋高风怒号，卷我屋上三重茅。茅飞渡江洒江郊，高者挂罥长林梢，下者飘转沉塘坳。

南村群童欺我老无力，忍能对面为盗贼。公然抱茅入竹去，唇焦口燥呼不得，归来倚杖自叹息。

俄顷风定云墨色，秋天漠漠向昏黑。布衾多年冷似铁，娇儿恶卧踏里裂。床头屋漏无干处，雨脚如麻未断绝。自经丧乱少睡眠，长夜沾湿何由彻！

安得广厦千万间，大庇天下寒士俱欢颜！风雨不动安如山。呜呼！何时眼前突兀见此屋，吾庐独破受冻死亦足！

2.缓行冷锋

月生林欲晓，雨过夜如秋。

诗句出自宋代徐玑的《夏日怀友》，意思是月亮出来的时候天要亮了，一场雨过后，气温下降，像秋天一样。该地此时的降水是受冷锋影响形成的。

夏日怀友

［宋］徐玑

流水阶除静，孤眠得自由。
月生林欲晓，雨过夜如秋。
远忆荷花浦，谁吟杜若洲。
良宵恐无梦，有梦即俱游。

冷空气强度较弱，锋线移动较慢，锋面缓慢而持续地抬升着暖气团。缓行冷锋云系位于锋线后部，为广阔层状云系，常有连续性降水天气。冷锋过境时产生阴雨天气，过境后受冷气团控制，气温降低，故“雨过夜如秋”。

这种冷锋移动较慢，坡度不大（1/100左右）。当锋前的暖空气中的水汽含量较充足，锋面上暖空气上升运动的范围大，但不强烈时，锋上多形成广阔的层状云。这种冷锋到来时，首先出现的是云底高度较低的雨层云（或层积云），此时，连续性的降水往往就随之而来。随着锋线的移去，天空的云层渐渐地转为高层云（或高积云）、卷层云、卷云等中、高云，天气开始好转（见图5-3）。

如果暖空气不稳定，锋线附近的云层中会隐藏着积雨云，形成混合性降水天气。如果暖空气水汽少，形成的云层较薄较高，降水可能性小。

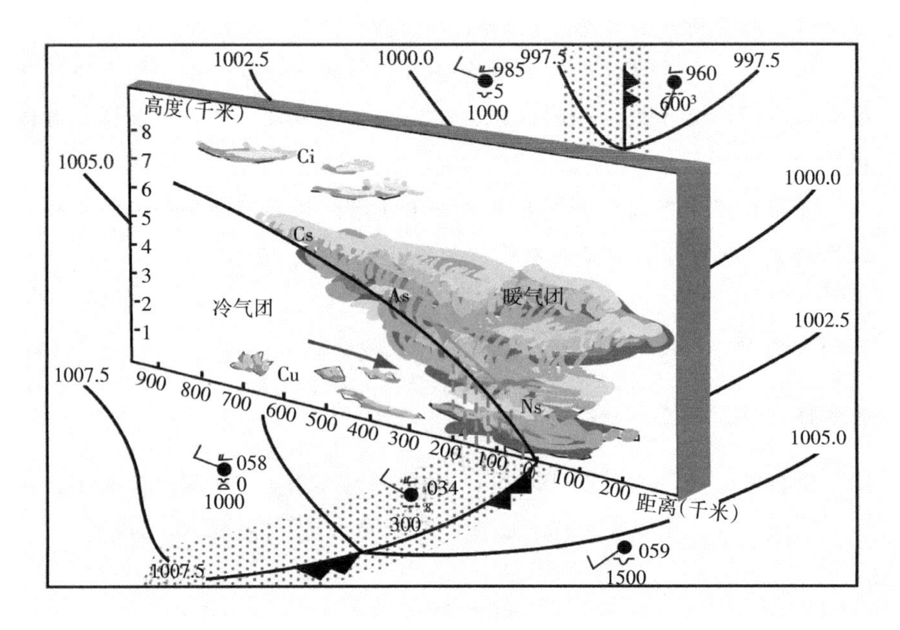

图5-3　缓行冷锋天气

二、暖锋

随风潜入夜，润物细无声。

诗句出自唐代诗人杜甫描写春夜降雨、润泽万物美景的诗作《春夜喜雨》。诗一开头，杜甫就赞美春夜所下的雨是“好雨”。为什么是“好雨”？因为在春季农作物非常需要雨水的滋润，正如农谚云：春雨贵如油。春雨过后，万物复苏。诗中的春雨是受暖锋天气系统的影响形成的降水，没有明显的降温过程，而是“随风潜入夜”，在夜里悄悄地随风而至。连绵细雨柔和细腻，悄然无声地滋润着大地万物，“润物细无声”写出了暖锋降水雨量小且“温柔”的特点。

暖锋是暖气团主动向冷气团移动的锋。由于冷气团自身温度低，密度较大，显得比较重，而暖气团自身温度较高、密度较小，显得较轻。因此就导致暖气团推进的时候，只能沿着冷气团慢慢爬升。在爬升的过程中，由于温度降低，便凝结成云，形成阴天或多云天气。见图5-4。

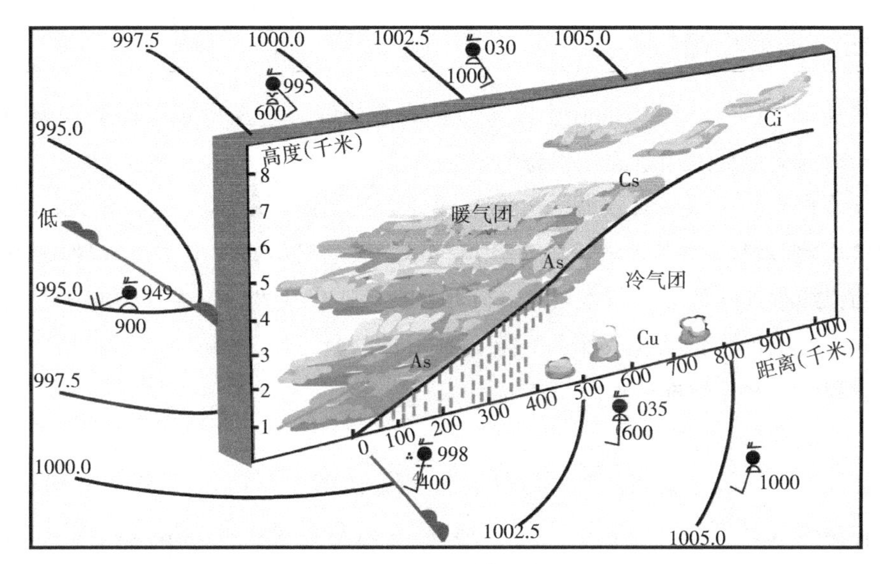

图5-4　暖锋天气

春夜喜雨

［唐］杜甫

好雨知时节，当春乃发生。
随风潜入夜，润物细无声。
野径云俱黑，江船火独明。
晓看红湿处，花重锦官城。

如果暖气团中含有足够的水汽，爬升的过程中便会形成降水，而这种降水常常是连绵细雨。“随风潜入夜”“野径云俱黑，江船火独明。”描述了降水过程。

古谚语“一场春雨一场暖。”也说明春雨多为暖锋降水，暖锋过境之后暖气团占据了原来冷气团的位置，由于受单一的暖气团控制，气温会随之上升，气压降低，天气转暖。但值得我们注意的是，如果暖气团不稳定，锋线附近的云层中会隐藏着积雨云，形成混合性降水天气；当暖气团水汽少时，锋上也可能只出现一些高云，甚至无云天气；在锋前150～200千米范围内，由于降水在冷气团中蒸发使云下水汽增多，能见度变差，常伴有低碎云和锋面雾。

三、准静止锋

移动很少的锋，称为准静止锋，常称为静止锋。它是冷暖气团势均力敌，或由于冷锋受地形阻挡呈静止状态的锋。

准静止锋的云系、降水等的分布与暖锋大致相同，所不同的是由于准静止锋的坡度比暖锋小得多（一般呈1/250左右），暖空气沿锋面上滑可以伸展到距离地面锋线很远的地方，所以云区、降水区要比暖锋更宽广。由于锋很少移动，使阴雨天气可持续10天至半个月，甚至一个月以上。

在我国，常见的准静止锋主要有：

（1）江淮准静止锋

江淮准静止锋是副高北侧暖湿气团与西风带中冷空气对峙的结果。初夏季节，锋线多在江淮地区徘徊，带来“梅雨”。云系宽厚，降水量大，多雷雨天气。

黄梅时节家家雨，青草池塘处处蛙。

这是南宋诗人赵师秀《约客》中的诗句，生动描绘出了梅雨季节的自然景象。黄梅时节，家家户户都被裹在连绵不断的细雨中，长满青草的池塘一带，到处是蛙声一片。这就是由江淮准静止锋带来的梅雨天气的真实写照。

约客

［宋］赵师秀

黄梅时节家家雨，青草池塘处处蛙。

有约不来过夜半，闲敲棋子落灯花。

每年夏初，太平洋暖气团抵达长江两岸，这时控制着江淮流域的冷气团势力还比较强，不易迅速向北撤退。因此，冷暖气团在长江中下游和淮河流域相遇，相持不下，形成了一种著名的天气系统——江淮准静止锋，造成了连绵阴雨天气。它是形成梅雨的重要天气系统。

梅雨，是一种自然气候现象，在每年6、7月份的东南季风带来的太平洋暖湿气流，经过中国长江中下游地区、台湾地区等地出现的持续阴天降雨的气候现象，所以在长江中下游流传着这样的谚语“雨打黄梅头，四十五日无日头。”每年6月中旬到7月上旬前后，正是江南梅子的成熟期，所以称其为“梅雨”，即诗中的“黄梅时节家家雨”，此时段便被称为梅雨季节。由于这段时间里多雨阴湿，衣物容易发霉，因此，也有人称之为“霉雨季节”。中国古代关于梅雨的记载还有很多，如“和气吹绿野，梅雨洒芳田。”“梅实迎时雨，苍茫值晚春。”“三旬已过黄梅雨，万里初来舶趠风。”宋代曾儿的《三衢道中》提到：“梅子黄时日日晴，小溪泛尽却山行。绿阴不减来时路，添得黄鹂四五声。”“三衢”即“三衢山”，在今浙江省衢州。赵师秀作《约客》时在杭州。衢州与杭州同属浙江，纬度相近，为什么一个“家家雨”，一个“日日晴”呢？正是因为梅雨不仅有正常梅雨，还有早梅雨、迟梅雨、特长梅雨、短梅雨，个别年份还会出现“空梅”。梅雨时节“日日晴”，使人心情舒畅，于是“小溪泛尽却山行”，潇洒走一回了。

一般而言，我国长江中下游地区的梅雨约在6月中旬开始，7月中旬结束，也就是出现在“芒种”和“夏至”两个节气内，长约20～30天。“小暑”前后起，主要降雨带就北移到黄淮流域，进而移到华北一带。长江流域由阴雨绵绵、高温高湿的天气开始转为晴朗炎热的盛夏。但天有不测风云，老天爷并不总是按规律出牌的，有些年份，由于全球大气环流的总体变化（比如厄尔尼诺现象、拉尼娜现象），就会影响到副热带高压的位置变化。因此，副热带高压带在有些年份就会过快地北跳，在这个时候控制了江淮地区，盛行下沉气流，就没有降雨了。梅雨时节没降雨，因此叫“空梅”，即“梅子黄时日日晴，小溪泛尽却山行”。在梅雨季节，能够遇上几天晴好天气，就像久旱逢甘霖一样，心情都是轻快舒畅的。但这时候，华北地区就惨了，提前进入雨季，往往会造成洪涝灾害，江淮地区则会受旱灾影响。这样，在我国就形成南旱北涝的格局。相反，江淮地区形成“涝梅”，产生南涝北旱的格局。

梅雨季节正是南方水稻生长迫切需要水的时期，但梅雨期水量过大，又会引起洪涝灾害；梅雨来得过早会影响小麦的收割和贮藏；梅雨来得过迟，则会造成干旱现象。所以，梅雨的迟早、长短和雨量的多少对梅雨区的农业生产影响是很大的。我国人民在长期的农业生产实践中，积累了许多预测梅雨的丰富经验。例如，“春暖早黄梅，春寒迟黄梅。”是说春季气温高低和梅雨迟早有关系；“发尽桃花水，必有旱黄梅。”是说桃花开花季节的雨量和梅雨期雨量有关系；“三九欠东风，黄梅无大雨。”是说隆冬季节东风的多少和梅雨期雨量有关系。这些谚语目前仍是气象工作者做好梅雨预测的一条重要线索。

（2）华南准静止锋

清明时节雨纷纷，路上行人欲断魂。

诗句出自唐代文学家杜牧的诗作《清明》。这一天正是清明佳节，诗人杜牧在行路中间，碰巧遇上了雨，阴雨连绵，飘飘洒洒下个不停。而这日的细雨纷纷是那种如同“天街小雨润如酥”一样的雨，具有春雨的特色，这也是由锋面带来的降水。每年四五月份，夏季风开始影响我国，来自大洋的暖气团和北方冷气团形成的准静止锋在南岭一带，故这里降水较多，即“清明时节雨纷纷”，这种锋面称为华南准静止锋。

清明

［唐］杜牧

清明时节雨纷纷，路上行人欲断魂。
借问酒家何处有，牧童遥指杏花村。

华南准静止锋是活动在我国华南一带的静止锋，多为冷空气南下后势力减弱和南岭山脉的阻挡等所致，呈东西向分布，常与空中切变线相配合出现，其北侧为偏东风，南侧为偏西南风，是影响我国华南地区的重要天气系统。主要活动于南岭山脉或南海地区，一年四季都可见到，但多出现于冬、春两季，秋季出现最少。冬季降水不强，春夏季可发生暴雨，持续数天，甚至10天以上。华南准静止锋的位置随季节不同而有所变化。冬半年，锋面北侧冷高压势力强大，锋区位置偏南；夏半年，锋面南侧副热带高压实力强大，锋区位置偏北。

2008年的1～2月，我国南方地区接连出现四次严重的低温雨雪天气过程，致使近20个省遭受了历史罕见的冰冻灾害。2011年的1～2月，贵州、湖南、广西北部等南方多地，出现多次低温雨雪冰冻天气。造成上述两次冰冻雨雪天气的直接天气系统都是华南准静止锋，由此可见，异常的华南准静止锋会引起南方冬季的极端天气。

（3）昆明准静止锋

四季无寒暑，一雨便成秋。天无三日晴，地无三尺平。

这两句谚语分别是对昆明和贵州气候特征的写照。昆明位于低纬度地区，由于纬度较低，热量丰富，四季气温变化较小，因此，冬季气温较高。同时，昆明位于云贵高原，海拔1800～2000m，由于海拔高，气温比同纬度平原地区要低，因此，夏季气温不会太高。冬夏温差小，因此说“四季无寒暑”，昆明有“四季如春”的说法。在云贵高原东北部，山地地形使冷锋受阻，减弱为准静止锋。当冷空气势力强，锋面位于昆明以西时，云南东部地区均处在静止锋面以下，气温骤降，天气变阴或有小雨，就有了秋天的凉意，因此有“一雨便成秋”的说法。而贵州中部天气易变多雨，因此有“天无三日晴”之说。昆明和贵州这种气候特征主要是与昆明准静止锋相关。

昆明准静止锋又称云贵准静止锋，位于云贵高原。主要由变性的极地大陆气团和西南气流受云贵高原地形阻滞演变而形成。云层低而薄，易形成连阴雨天气，多出现在冬季，是由减弱的冷空气南下后转向西南，沿高原爬坡而形成（见图5-5）。云南西部及贵州地区被锋线东侧的变性冷空气控制，主要是低云阴雨与低温天气。云南中东部被锋线西侧的热带大陆气团控制，天气晴好温暖。

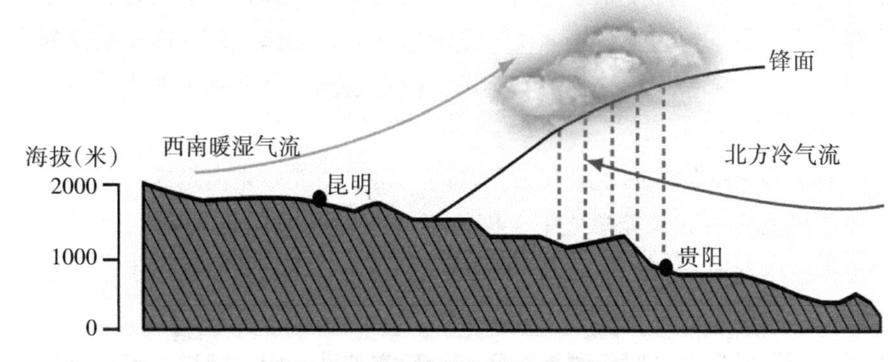

图5-5　昆明准静止锋形成示意图

昆明准静止锋的形成主要和地形有关。冬季，来自西伯利亚的冷空气过了长江风向就从西北逐渐转为东北，越过四川盆地、贵州高原来到川西和滇东高原东坡时，势力已经锐减，冷空气厚度也大大减薄。而且越往西进地势越高，高空西风越强，因此，冷空气被阻于高原东坡之上。西南亚来的西风暖空气在东北风冷空气背上（向东）抬升和其中水汽凝结的结果，便形成了贵州、四川盆地及其以东地区的连绵阴雨。

“天气常如二三月，花枝不断四时春。”这是昆明四季如春气候特征的真实写照，出自明代杨慎《滇海曲》中的诗句。这是他流放云南时，韵赞南国春城昆明的千古名句。意思是天气常常就像在二三月的仲春，一年四季都像春天一样，不断有鲜花开放。鲜花就是昆明的象征，也是春城的美丽形象。由于昆明气候温和，四季如春，“天气常如二三月”，加上人们日益增强的环保意识，一年四季花开不断，常开不谢，便呈现出“花枝不断四时春”的神奇景象。

昆明气候温和，夏无酷暑，冬无严寒，终年苍翠满城，花枝不断，四时如春，即“万紫千红花不谢，冬暖夏凉四时春。”但在云南也有“四季无寒暑，一雨便成秋。”的说法。冬季侵袭西南地区的冷空气，绝大多数源于北冰洋、巴伦支海和喀拉湖，小部分来自冰岛以南的洋面。这类深厚的冷空气一般先在西伯利亚北部和蒙古国积聚，使大陆冷高压加强。当西风带较强的波动向东推进时，常使低层大陆高压破裂，导致冷空气爆发南下。影响西南地区的冷空气主要路径是由西伯利亚进入新疆，但因受青藏高原大地形的阻挡，便沿高原绕流，经河西走廊，翻过秦岭，进入四川盆地南下，再沿大凉山东侧上爬至云南高原东北部和贵州高原。由于长途跋涉，加上沿途山脉的层层阻挡，实力大为减弱，冷空气就逐渐“静止”下来，即由冷锋转变为准静止锋，这就是著名的昆明准静止锋。当冷空气势力强，锋面位于昆明以西时，云南东部地区均处在静止锋面以下，气温骤降，天气变阴或有小雨，故在云南有“四季无寒暑，一雨便成秋。”的说法。

昆明准静止锋的锋面主要在云贵之间，略呈西北—东南走向。贵州大部分地区冬季经常在静止锋笼罩之下，因位于冷空气一侧，风向偏北，气温较低，阴雨连绵，因此有“天无三日晴”之说。这一句贵州的谚语概括了昆明准静止锋以东、以北地区的冬季阴雨冷湿的气候特点。贵阳因“阳光不足，非常珍贵”而得名。而云南在单一暖气团控制之下，碧空如洗，阳光灿烂，气温较高。昆明纬度较低，加之北方高原、山地屏障作用明显，冬季不冷，夏季因海拔较高而不热，所以四季如春，被称为“春城”。

昆明准静止锋的活动有明显的季节特征。它主要出现在每年的11月至次年4月，常可连续维持10～15天。其中每年12月至次年2月，约有一半的时间出现昆明准静止锋；4、5、10和11月出现次数稍少，每月在10～12天之间。而在夏季7～8月，冷空气势力大为减弱，活动位置也偏北，云贵地区受赤道气团和热带气团控制，导致它极少出现，仅3天左右。总之，昆明准静止锋在全年中1月活动频数最高，4月次之，10月较少。

（4）天山准静止锋

瀚海春回芳草绿，天山雪映早霞红。

这句诗出自现代诗人于钟珩的《丝路》。春季，天山的雪是由天山准静止锋影响的结果。来自西伯利亚和北大西洋的不太强的冷气团进入准格尔盆地后，被天山阻挡，使冷锋停滞不前，常形成地形锋性质的天山准静止锋，造成阴雾或微雪天气。天山北坡和北疆大部分地区冬春降水较多就与天山准静止锋活动有关。天山准静止锋多出现在冬季，由大西洋过来的偏西气流受天山阻挡而形成，常给天山北麓带来雨雪天气，而天山南麓则干旱少云雨。

丝路

［现代］于钟珩

丝路千年觅旧踪，残垣荒垒诉秋风。
关河犹照秦时月，玉帛长怀筚路功。
翰海春回芳草绿，天山雪映早霞红。
雄边已换人间世，大雅声飞向碧穹。

第六章　气旋和反气旋

大气中大型的旋转运动，根据其旋转方向，可分为气旋与反气旋。根据其中心气压值，可分为低压与高压。气旋中心气压低，气旋即为低压；反气旋中心气压高，反气旋即为高压。

一、热带气旋

风如拔山怒，雨如决河倾。

诗句出自宋朝诗人陆游的《大风雨中作》。大风拔山摧峰似的怒吼着，暴雨像决堤的河水倾泻大地。这首作品写于“甲寅八月二十三日夜”。甲寅年为宋绍熙五年（1194年），当时作者退居在家乡越州山阴（今浙江绍兴）。农历八月，是浙东沿海台风活动最频繁的月份，这次“如决河”般的大雨，很可能是强台风过境时出现的。

大风雨中作

［宋］陆游

风如拔山怒，雨如决河倾。
屋漏不可支，窗户俱有声。
乌鸢堕地死，鸡犬噤不鸣。
老病无避处，起坐徒叹惊。
三年稼如云，一旦败垂成。
夫岂或使之，忧乃及躬耕。

邻曲无人色，妇子泪纵横。
且抽架上书，洪范推五行。

陆游还有一首五言古诗《十月二十八日风雨大作》，也描述了浙东台风到来时的情景。

十月二十八日风雨大作

［宋］陆游

风怒欲拔木，雨暴欲掀屋。
风声翻海涛，雨点堕车轴。
拄门那敢开，吹火不得烛。
岂惟涨沟溪，势已卷平陆。
辛勤蓺宿麦，所望明年熟；
一饱正自艰，无穷故相逐。
南邻更可念，布被冬未赎；
明朝甑复空，母子相持哭。

每年，随着仲夏季节的到来，在气象预报的卫星云图上，我们经常可以看到由大团白云显示的逆时针旋转的大尺度流体涡旋，人们也在关心台风的形成、发展、在什么地方登陆、行走途径，以及其消失过程。

台风是诞生在热带海洋上风速达到32.7米/秒以上的大气涡旋，其半径可达数百公里。它在不同的地方有不同的称谓：在西太平洋地区称为台风，在东太平洋和大西洋地区称为飓风，在印度洋地区称为风暴。台风之所以受到人们的关注，是因为它有很强的破坏力，会引起狂风暴雨，浪潮汹涌，威胁着人民生命和财产的安全。台风是热带气旋的一种。热带气旋是形成于低纬度热带洋面上强大而深厚的气旋性暖性涡旋，是热带地区重要的天气系统之一。

热带气旋形成于南、北纬5°～20°区域内海水温度较高的洋面上。北太平洋西部和南海是热带气旋发生最多的海区，多数发生在7～10月，8、9月最多。热带气旋一般根据其底层中心附近最大平均风速划分强度，分为热带低压、热带风暴、强热带风暴、台风、强台风和超强台风（见表6-1）。

热带气旋的直径多为600～1000千米，最大的可达2000千米，最小的仅100千米左右。热带气旋为深厚系统，其垂直伸展高度可达对流层顶，有的甚至到达平流层下部。热带气旋发展到台风等级，中心会出现眼区，从外往里，台风可分为外层区、云墙区和台风眼区（见图6–1）。

表6–1　热带气旋强度等级

名 称	底层中心附近最大平均风速	风力等级
超强台风	≥51.0米/秒	16级或以上
强台风	41.5 ~ 50.9米/秒	14 ~ 15级
台风	32.7 ~ 41.4米/秒	12 ~ 13级
强热带风暴	24.5 ~ 32.6米/秒	10 ~ 11级
热带风暴	17.2 ~ 24.4米/秒	8 ~ 9级
热带低压	10.8 ~ 17.1米/秒	6 ~ 7级

图6–1　台风云系结构

外层区：从外沿到云墙区，宽度约400～600千米，表现为数条螺旋状雨带。

云墙区：从外层区内侧到台风眼区外侧，宽度约10～20千米，高度可达对流层顶。最大风速发生在云墙内侧，最大暴雨发生在云墙区，是最具破坏力的狂风暴雨区。

台风眼区：半径约10～70千米，平均约25千米。眼区内气流下沉，为晴朗、少云、微风的天气。

台风给广大地区带来充足的雨水，成为与人类生活和生产关系密切的降水系统，但它带来的破坏不容小觑，由于具有突发性强、破坏力大的特点，是世界上最为严重的自然灾害之一。根据台风预警信息提前做好防范很有必要，具体措施见表6-2。

表6-2 台风预警信号及防范

台风预警信号	含义	防御指南
台风 蓝 TYPHOON	24小时内可能或者已经受热带气旋影响，$v_{平均}>10$m/s或者$v_{瞬时}>17$m/s	1.相关部门按照职责做好防台风准备工作； 2.停止露天集体活动和高空等户外危险作业； 3.相关水域水上作业和过往船舶采取积极的应对措施，如回港避风或者绕道航行等； 4.加固门窗、围板、棚架、广告牌等易被风吹动的搭建物，切断危险的室外电源。
台风 黄 TYPHOON	24小时内可能或者已经受热带气旋影响，$v_{平均}>17$m/s或者$v_{瞬时}>24$m/s	1.相关部门按照职责做好防台风应急准备工作； 2.停止室内外大型集会和高空等户外危险作业； 3.相关水域水上作业和过往船舶采取积极的应对措施，加固港口设施，防止船舶走锚、搁浅和碰撞； 4.加固或者拆除易被风吹动的搭建物，人员切勿随意外出，确保老人小孩留在家中最安全的地方，危房人员及时转移。
台风 橙 TYPHOON	12小时内可能或者已经受热带气旋影响，$v_{平均}>24$m/s或者$v_{瞬时}>32$m/s	1.相关部门按照职责做好防台风抢险应急工作； 2.停止室内外大型集会、停课、停业(除特殊行业外)； 3.相关应急处置部门和抢险单位加强值班，密切监视灾情，落实应对措施； 4.相关水域水上作业和过往船舶应当回港避风，加固港口设施，防止船舶走锚、搁浅和碰撞； 5.加固或者拆除易被风吹动的搭建物，人员应当尽可能待在防风安全的地方，当台风中心经过时风力会减小或者静止一段时间，切记强风将会突然吹袭，应当继续留在安全处避风，危房人员及时转移； 6.相关地区应当注意防范强降水可能引发的山洪、地质灾害。

续表6-2

台风预警信号	含义	防御指南
台风 红 TYPHOON	6小时内可能或者已经受热带气旋影响，$v_{\text{平均}}>32\text{m/s}$或者$v_{\text{瞬时}}>40\text{m/s}$	1.相关部门按照职责做好防台风应急和抢险工作； 2.停止集会、停课、停业(除特殊行业外)； 3.回港避风的船舶要视情况采取积极措施，妥善安排人员留守或者转移到安全地带； 4.加固或者拆除易被风吹动的搭建物，人员应当待在防风安全的地方，当台风中心经过时风力会减小或者静止一段时间，切记强风将会突然吹袭，应当继续留在安全处避风，危房人员及时转移； 5.相关地区应当注意防范强降水可能引发的山洪、地质灾害。

注：$v_{\text{平均}}$，台风近中心平均风速；$v_{\text{瞬时}}$，台风近中心瞬时风速。

二、高压

1.西太平洋副热带高压

自从五月困暑湿，如坐深甑遭蒸炊。

诗句出自唐代文学家韩愈创作的一首七言古诗《郑群赠簟》。甑，古代蒸饭的一种瓦器，底部有许多透蒸气的孔格，置于鬲上蒸煮，如同现代的蒸锅。诗句的意思是我被又炎热又潮湿的天气搞得困苦不堪，犹如坐在饭锅上的瓦盆里遭受热气熏蒸，说明当时的天气特别闷热。而这种炎热的天气是与西太平洋副热带高压密切相关的。

郑群赠簟

［唐］韩愈

蕲州笛竹天下知，郑君所宝尤瑰奇。
携来当昼不得卧，一府传看黄琉璃。
体坚色净又藏节，尽眼凝滑无瑕疵。
法曹贫贱众所易，腰腹空大何能为，
自从五月困暑湿，如坐深甑遭蒸炊。

手磨袖拂心语口，慢肤多汗真相宜。
日暮归来独惆怅，有卖直欲倾家资。
谁谓故人知我意，卷送八尺含风漪。
呼奴扫地铺未了，光彩照耀惊童儿。
青蝇侧翅蚤虱避，肃肃疑有清飙吹。
倒身甘寝百疾愈，却愿天日恒炎曦。
明珠青玉不足报，赠子相好无时衰。

在北半球副热带地区的暖高压，称为副热带高压，简称副高。出现在太平洋西部的副带高压称为西太平洋副热带高压，简称西太副高或副高，它对我国天气、气候有重要影响，夏半年更为突出。这种影响一方面表现在西太平洋副高本身；另一方面还表现在西太平洋副高与周围天气系统间的相互作用。

“随着副高的加强，我国江南、华南等地将迎来新一轮高温天气。”在天气播报员的口中，副高无疑是出现频率最高的词之一。尤其是夏天一到，副高的名头更是响亮，酷暑的持续、雨带的变化、台风的走向，似乎大多数的天气变化都与其形影不离。

在副高的内部盛行下沉气流，高空气流在下沉时，逐渐增温。此外，气压梯度小，因此，风力微乎其微。在这种状态下，太阳辐射可以更多地到达地面。毒辣的太阳把大地晒得发烫，大地又把高温传给大气，使气温升高，使得地面和近地面大气获得更多的热量，大气温度明显攀升。因而在副高控制的地区，往往以晴朗少云的天气为主。如果副高强盛，该地区还会出现干旱灾害。在副热带高压控制下，气流下沉，晴热少雨，这时的天空如烧炽一般，大地充斥着热浪，人间宛如一个大蒸笼，正如唐代诗人韩愈所说：“如坐深甑遭蒸炊。”韩愈形象地把闷热天气比作蒸笼，人在深深的蒸笼中被烧烤、被蒸煮，是不是就是古代的“桑拿”呢？

长江沿岸的南京、重庆、武汉夏季特别炎热，号称我国的“三大火炉”。这三个地方7月份的平均气温在30℃以上，极端最高气温都在40℃以上。可谓是“赤日满天地，火云成山岳。草木尽焦卷，川泽皆涸竭。轻纨觉衣重，密树苦阴薄。莞簟不可近，絺绤再三濯。”（王维《苦热行》）为什么“三大火炉”夏季气温特别高呢？首先，每年七月中旬以后，锋面雨带北移到华北、东北一带，长江流域的梅雨结束。这时长江流域完全为西太平洋副热带高压所控制，气流下沉增温，常常出现干旱，这就是伏旱。伏旱期间，天空晴朗少云，风力微弱，日照强烈，似火的骄阳把大地晒得滚烫，七八月间白天的最高地面温度为50℃～55℃。晒得发烫的地面，源源不断地把热量传给大气，因而气温不断升高。其次，这些高温中心的形成与盆地或谷地的地形有密切关系。“三大火炉”都位于长江河谷中，海拔较低。河谷地形犹如锅底一般，地面散热困难，四川和两湖都是盆地形势，夏季风自东南吹来，越过东南丘陵和贵州高原到达盆地时，由于下沉增温产生干热风，使“火炉”热上加热，特别是重庆，白天温度最高，暑热日和酷热天数也最长。长江下游一带的南京，因地势开阔，又临近海洋，与武汉、重庆相比，酷热的程度稍低，时间稍短。再次，长江流域水田遍布，河网密布。尤其是武汉地处江汉平原，四周湖泊星罗棋布。伏旱期间，因蒸发旺盛，广阔的水面使大气中水汽增多，空气湿度增大。空气湿度大的另一个原因是受单一的来自海洋的暖气团控制。但此时盛行下沉气流，风力微弱，空气中的水汽不易消散，地面向空中辐射的热量多被空气中的水汽吸收，又以大气逆辐射的形式射向地面，使地面气温不易降低。最后，空气湿度大，人体的汗水不易蒸发，排汗散热的功能大大降低，又热又湿的空气使人感到闷热难受。影响人体感温度的，除温度和湿度外，风速也是一个重要的因素。在特别闷热的天气，当清风吹来，人们会感到炎暑顿消。可是，这三个城市在酷热的日子里，风力也很微弱，更增加了人的闷热感觉。“吴牛喘月”的典故说的虽是江淮之间的炎暑，移至今天形容盛夏苦热的全国亦毫不显夸张。

2. 西伯利亚冷高压

山明水净夜来霜，数树深红出浅黄。

诗句出自唐朝诗人刘禹锡的《秋词二首·其二》，描写的是秋天怡人的景色，即秋高气爽的天空下，青山绿水颜色更加分明，到了晚上开始降下白霜，这个季节，很多树木的叶子都开始变为红色或黄色。

秋词二首·其二

［唐］刘禹锡

山明水净夜来霜，数树深红出浅黄。
试上高楼清入骨，岂如春色嗾人狂。

为什么秋季天气会呈现出“山明水净夜来霜，数树深红出浅黄。”的特点呢？这是因为秋季影响我国的西太平洋副热带高压开始南撤，暖湿气流减弱。随着九月份开始的蒙古-西伯利亚冷空气加强，我国大部分地区的低层大气受到大陆冷高压的控制，多晴朗天气。空气在高压下沉气流控制之下，抑制了大气中尘埃杂质的上升运动。由于尘埃等较粗的微粒及小水滴的减少，天空中波长较短的蓝紫光比例明显增多，因而秋季的天空更蓝、更高远。

到了秋季，太阳直射点向南半球移动，太阳高度角变小，白昼越来越短，北半球地面接收到的太阳辐射比夏季明显减少。夜晚的天空由于云量较少，由地面向大气的辐射降温更加明显，地面白天吸收的太阳热量小于夜晚散发的热量，“支大于收”，地面的温度就逐渐降低下来。在较冷的深秋，由于昼夜温差大，白天蒸腾的水汽会在夜间凝结，当地面温度降到0℃以下就会出现霜，即“山明水净夜来霜”。

能反映我国秋天天气特征的诗句也不少。唐朝刘禹锡的《望洞庭》写道：“湖光秋月两相和，潭面无风镜未磨。遥望洞庭山水翠，白银盘里一青螺。”此外，他在《秋词》里有这样的句子“晴空一鹤排云上，便引诗情到碧霄。”王勃有诗句“落霞与孤鹜齐飞，秋水共长天一色。”这些诗句写的都是长江中下游地区秋高气爽的天气特征。进入秋季后，北方广大地区雨季结束。北方冷空气势力加强，一次次南侵的干冷空气迫使夏季一直回旋在我国上空的暖湿空气向南退去，天空中的云雾减少。与此同时，我国地面主要受冷高压的控制，地面热低压逐渐消失。而高空副热带高压的南撤一般缓于地面高压系统南移，这使低空同受高气压控制，盛行下沉气流，不仅不利于云雨的形成，而且大气中的尘埃也被下沉气流带了下来，正所谓秋高气爽、云淡风轻。

秋季的天高云淡，主要还和空气湿度低有关。入秋后，暖湿空气南移并逐渐退出大陆，来自西伯利亚和蒙古一带的冷空气进入我国大部分区域。冷空气除了降低温度，还会减少空气中的水汽，加上冷高压阻止地面水汽上升，这样就会使人感到秋天的高爽。高压中心气压值较低，气压梯度小，因此产生的偏北风风力也不大，出现的风多是宜人的习习凉风。

天山雪后海风寒，横笛偏吹行路难。

诗句出自唐代诗人李益的《从军北征》。此诗描绘了一个壮阔又悲凉的行军场景。诗的前两句“天山雪后海风寒，横笛偏吹行路难。”描述了行军气候环境的艰苦。这支远征军在雪后的天山下、刺骨的寒风里行军，行军途中，突然听到一阵阵哀怨、凄切的笛声响起，这是肃杀苦寒的边塞，思亲怀乡出征人的共同感受。

从军北征

［唐］李益

天山雪后海风寒，横笛偏吹行路难。
碛里征人三十万，一时回首月中看。

“天山雪后海风寒”七个字就把地域、季节、气候一一交代清楚，有力地烘托出了行军的环境气氛。这样的天气特点是由西伯利亚冷高压所致。冬季，冷高压主要是由于地表辐射冷却，空气受冷后下沉堆积而形成的。因此，它一般出现在地面或低空，随高度的升高而逐渐减弱。冬季，太阳辐射减少，是冷高压生成的最好时机。欧亚大陆的冷高压是全球最强大的，最大时可占据亚洲大陆面积的四分之三。它的中心在西伯利亚与蒙古一带，我国冬半年的天气主要受其影响。

冷高压与冷空气的活动密切相关。一般来说，冷空气主要在冷高压的东南侧活动，为其“撑腰”的冷高压越强，冷空气势力也就越强大。冬半年，高纬度地区的冷高压不断积蓄力量，待大到一定程度的时候，便像决堤了的海，携带着冷空气向南倾泻。冷高压南下后会减弱，但是在高纬度地区，空气源源不断地变冷下沉堆积，新的冷高压也不断生成，孕育一次又一次的冷空气爆发。

冷高压到达某地之前，往往派冷空气“当前锋”，并吹起大风、拉低气温，有时还弄个雨雪霜冻，先来个“下马威”，如诗中“天山的雪”正是由于西伯利亚冷高压前缘的冷空气与当地相对暖的空气相遇形成的锋面带来的。在我们埋怨冷空气的时候，冷高压便慢悠悠地来了。冷高压控制的时候，由于空气向四周辐散，水汽难以凝结，因此，一般都是晴朗少云，但会带来大风和降温的天气，如“雪后海风寒”就是由于锋面过境后，受冷高压控制，温度进一步降低，甚至伴有大风天气，让人觉得更加寒冷。

江南江北雪漫漫，遥知易水寒。

出自宋代词人向子諲的《阮郎归·绍兴乙卯大雪行鄱阳道中》。绍兴五年（1135）冬天，词人冒雪前往鄱阳，大雪纷飞的天气使他感受到了被囚禁在金国的徽、钦二帝的痛苦，词人又联想到因为国内主和派阻挠而导致的北伐失败，心有所感，写下了这首词。从此词的第一句来看，起笔设境大江南北，风雪弥漫，阴冷苍凉，寒气逼人。

雪是北方冬天的标配，北国风光，千里冰封，万里雪飘。但对南方来说，漫天大雪有时是一种憧憬。强冷空气南下时，与南面暖气团相遇，形成冷锋天气，使我国南、北方普遍大幅度降温，并产生雨雪天气。而“江南江北雪漫漫”这种大范围降雪的天气通常就是寒潮影响的结果。

阮郎归·绍兴乙卯大雪行鄱阳道中

［宋］向子諲

江南江北雪漫漫，遥知易水寒。
同云深处望三关，断肠山又山。
天可老，海能翻，消除此恨难。
频闻遣使问平安，几时鸾辂还？

寒潮是冬季的一种灾害性天气。来自高纬度地区的寒冷空气，在特定的天气形势下加强并向中低纬度地区侵入，造成沿途地区大范围剧烈降温、大风和雨雪天气的气候现象，这种冷空气南侵达到一定标准就成为寒潮。我国气象部门规定：如果某一地区冷空气过境后，气温24小时内下降8℃以上，且最低气温下降到4℃以下；或48小时内气温下降10℃以上，且最低气温下降到4℃以下；或72小时内气温连续下降12℃以上，并且最低气温在4℃以下，则称此冷空气的爆发过程为一次寒潮过程。

侵入我国的寒潮，主要是在北极、俄罗斯的西伯利亚以及蒙古国等地爆发南下的冷高压。这些地区冬季长期见不到阳光，到处被冰雪覆盖着。停留在那些地区的空气团好像躺在一个天然的大冰窖里面一样，越来越冷、越来越干，当这股冷气团积累到一定的程度，气压增大到远远高于南方时，就像贮存在高山上的洪水，一有机会，就向气压较低的南方泛滥、倾泻，这就形成了寒潮。

每一次寒潮爆发后，西伯利亚的冷空气就要减少一部分，气压也随之降低。但经过一段时间后，冷空气又重新聚集堆积起来，孕育着一次新的寒潮爆发。

寒潮的爆发在不同的地域环境下具有不同的特点：在西北沙漠和黄土高原，表现为大风少雪，极易引发沙尘暴天气；在内蒙古草原则为大风、吹雪和低温天气；在华北、黄淮地区，寒潮袭来常常风雪交加；在东北表现为更猛烈的大风、大雪，降雪量为全国之冠；在江南常伴随着寒风苦雨。

寒潮功大于过。寒潮的“过”给人们印象最深，似乎一谈起它就会与灾害性天气联系在一起。可是寒潮对人类的益处似乎很少有人提起。地理学家的研究分析表明，寒潮有助于地球表面的热量交换。随着纬度增高，地球接受太阳辐射能量逐渐减弱，地球因此形成热带、温带和寒带地区。寒潮携带大量冷空气向热带倾泻，使地面热量进行大规模交换，这非常有助于保持自然界的生态平衡，保持物种的繁茂。

气象学家认为，寒潮是风调雨顺的保障。我国受季风影响，冬天气候干旱，为枯水期。但每当寒潮南侵时，常会带来大范围的雨雪天气，缓解冬天的旱情，使农作物受益。“瑞雪兆丰年”这句农谚为什么能在民间千古流传，就是因为雪水中的氮化物含量高，是普通水的5倍以上，可使土壤中氮素大幅度提高。雪水还能加速土壤中有机物质的分解，从而增加土中的有机肥料。大雪覆盖在越冬农作物上，就像棉被一样起到抗寒保暖的作用。

气 候 篇

第七章　二十四节气

二十四节气是根据地球在黄道（即地球绕太阳公转的轨道）上的位置来划分的。视太阳从春分点（黄经零度，此刻太阳垂直照射赤道）出发，每前进15°为一个节气，运行一周又回到春分点，为一回归年，合360°，因此，一年分为24个节气。

古人将太阳周年运动轨迹划分为二十四等份，每一份为一个节气，每个节气又分成三候，五天为一候。

古人称节气为“气”，二十四节气就是24个“气”，有“节气”和“中气”之分：每月第一个即月首的“气”，称为“节气”；第二个即月中的“气”称为“中气”。这样，全年共有12个节气、12个中气，合起来正好是“二十四节气”。

“二十四节气”是中国古代先民在长期的生产生活实践中，观察太阳周年运动，认知并总结天气、星象、水体、动植物等物候现象变化规律，再通过形成的知识体系和社会实践经验，以物候特征为主要时间基准来安排农业生产、开展相应民俗和祭祀活动的“物候历法”。它准确地反映了自然节律的变化，在人们的日常生活中发挥了极为重要的作用。它不仅指导农耕生产的时节体系，更蕴含了悠久的文化内涵和历史积淀，是中华民族悠久历史文化的重要组成部分。2006年，“二十四节气”被列入第一批国家级非物质文化遗产代表性项目名录。2016年11月30日，经过联合国教科文组织保护非物质文化遗产政府间委员会评审，正式通过决议将中国申报的“二十四节气——中国人通过观察太阳周年运动而形成的时间知识体系及其实践”列入联合国教科文组织人类非物质文化遗产代表作名录。

《二十四节气歌》是我国劳动人民在长期的劳动实践中总结出来的智慧，是我们老祖宗总结出来的关于气候的实用经验。

二十四节气歌

佚名

春雨惊春清谷天，夏满芒夏暑相连。
秋处露秋寒霜降，冬雪雪冬小大寒。
每月两节不变更，最多相差一两天。
上半年来六廿一，下半年是八廿三。

前两句精练地概括了二十四节气。二十四节气按照季节的不同，每个季节都包括六个节气。“春雨惊春清谷天”是春天的节气，分别是立春、雨水、惊蛰、春分、清明、谷雨。“夏满芒夏暑相连”是夏天的节气，分别是立夏、小满、芒种、夏至、小暑和大暑。以此类推，“秋处露秋寒霜降”和“冬雪雪冬小大寒”分别代表立秋、处暑、白露、秋分、寒露、霜降这几个秋天的节气和立冬、小雪、大雪、冬至、小寒、大寒这几个冬天的节气。

后两句主要讲每个节气具体的日期，这是按农历计算的。“每月两节不变更，最多相差一两天。”这句话的意思是，平均每个月有两个节气，而且每年这个节气的时间都差不多，最多也就差一两天。“上半年来六廿一，下半年是八廿三。”这句话更明确地指出了各个节气的时间，上半年的节气基本都是在每月的初六和二十一，而下半年的节气基本都是在初八和二十三。这样就能从时间的变化推算出节气来，真的是方便很多。在古代，人们没有专门的记录气候变化的文字性的东西，普通的劳动人民想要知道什么时候适合耕种、收获等等完全就是靠老一辈流传下来的智慧，并在长久的劳动实践当中，总结出了二十四节气的歌谣。

立春，是二十四节气中的第一个节气，明清官方历书中被归入正月节气，到达时间点在公历每年2月3～5日（农历正月初一前后），太阳到达黄经315°时。“立”是“开始”的意思，自秦代以来，中国就一直以立春作为春季的开始。古籍《群芳谱》对立春解释为：“立，始建也。春气始而建立也。”立春期间，气温、日照、降雨开始趋于上升、增多，但这一切对全国大多数地方来说仅仅是春天的前奏。

立春是从天文上来划分的，而在自然界、在人们的心目中，春意味着风和日暖，鸟语花香；春也意味着万物生长，农家播种。现代诗人左河水在《立春》诗云："东风带雨逐西风，大地阳和暖气生。万物苏萌山水醒，农家岁首又谋耕。""东风"即从东方刮来的风，常指春风。"带雨"指从东南方向吹来的海洋暖湿的春风与停留在大陆的冷空气相遇而降下的春雨，正所谓"春风化雨"。"逐"有驱逐之意。"西风"指西北的冷风，即冷空气。"逐西风"意思就是驱逐冷空气，天气转暖。

立春节气，东亚南支西风急流呈现减弱的趋势，隆冬气候即将结束。但北支西风急流的强度和位置没有太大变化，蒙古冷高压和阿留申低压仍然较强，这时大风、降温仍是主要的天气表现。但在强冷空气影响的间隙期，偏南风频数逐渐增加，气温会有明显的回升过程。

立春这天"阳和启蛰，品物皆春"。过了立春，万物复苏，生机勃勃，一年四季从此开始。立春的日子，诗人、词人不约而同地写起了诗词。白居易在《立春日酬钱员外曲江同行见赠》中写道："柳色早黄浅，水文新绿微。"南宋张栻在《立春偶成》中写道："律回岁晚冰霜少，春到人间草木知。"

立春日酬钱员外曲江同行见赠

［唐］白居易

下直遇春日，垂鞭出禁闱。
两人携手语，十里看山归。
柳色早黄浅，水文新绿微。
风光向晚好，车马近南稀。
机尽笑相顾，不惊鸥鹭飞。

诗人在宫中当直结束，正好是立春日，于是骑着马走出宫门。两人携手同行相语，看过山里山外大片景色。柳树刚刚冒出嫩黄的新芽，河水荡漾出清新翠绿的波纹，散发出早春特有的绿色。临近傍晚，这些风光显得更加美好，途中车马也像临近南方的原始山林一样稀少了。这时候，心里的杂念在相视一笑间荡然无存，也不曾惊扰飞起的鸥鹭。

立春偶成

[宋] 张栻

律回岁晚冰霜少，春到人间草木知。
便觉眼前生意满，东风吹水绿参差。

“律回”即大地回春。“岁晚”指写这首诗时的立春是在年前，民间称作内春，所以叫岁晚。立春是一年之始，诗人紧紧把握住这一感受，真实描绘了春到人间的动人情景。冰化雪消，草木滋生，开始透露出春的气息。于是，眼前顿时豁然开朗，到处呈现出一片生机勃勃的景象；那碧波荡漾的春水，也充满着无穷无尽的活力。从“草木知”到“生意满”，诗人在作品中富有层次地再现了大自然的这一变化过程，洋溢着饱满的生活热情。

咏廿四气诗·立春正月节

[唐] 元稹

春冬移律吕，天地换星霜。
间泮游鱼跃，和风待柳芳。
早梅迎雨水，残雪怯朝阳。
万物含新意，同欢圣日长。

元稹这组《咏廿四气诗》共计二十四首，在敦煌文献里可见，诗依次为《立春正月节》《雨水正月中》《惊蛰二月节》《春分二月中》《清明三月节》《谷雨三月中》《立夏四月节》《小满四月中》《芒种五月节》《夏至五月中》《小暑六月节》《大暑六月中》《立秋七月节》《处暑七月中》《白露八月节》《秋分八月中》《寒露九月节》《霜降九月中》《立冬十月节》《小雪十月中》《大雪十一月节》《冬至十一月中》《小寒十二月节》《大寒十二月中》。

《立春正月节》的诗意是冬天过去，阳气升起，测定音调的“律管”和“吕管”也行动起来，感知大地阳气，天地瞬间物换星移，转换了“星霜”。在冬去春来的日子里，阳气回升，律管和吕管也调动起来，呼应大地吞吐的阳气。天地也发生了变化，表现出物换星移。

首联主要说天地的变化，后三联是说人间的变化。“间泮”对“和风”，“鱼跃”对“柳芳”，表现了动物和植物感知到天地变化之后的活动状态。冰冻开始消化融解，鱼儿欢快游动起来；和煦的春风渐渐吹开了柳树的嫩绿芳华。

“早梅”对“残雪”，“雨水”对“朝阳”。早开的春梅迎来了润物无声的春雨；残雪在朝阳下又似乎胆怯害怕了许多。春的阳气多么强大，所有冬天的阴霾与寒冷全都一扫而光。这是春天战胜了冬天，阳气打败了阴气，也是蛰居已久的万物，纷纷苏醒，共同欢庆的时候。

万事万物都饱含着清新、明亮和快意，好像在共同歌唱这美好神圣的时光万年长。表达了诗人对于春天来临的喜爱，寄托了诗人良好的祝愿。

全诗洋溢着欣喜欢快的节日气氛。诗人用清新自然的文字，为大家送来了一个充满希望的春天。

雨水，是二十四节气中的第二个节气。每年的正月十五前后，太阳黄经达330°时，是二十四节气中的雨水。雨水节气的涵义是降雨开始，雨量渐增。此时，气温回升、冰雪融化、降水增多，故取名为雨水。

《月令七十二候集解》：“正月中，天一生水。春始属木，然生木者必水也，故立春后继之雨水。且东风既解冻，则散而为雨水矣。”意思是雨水节气前后，万物开始萌动，春天就要到了。我国古人将雨水划为三候：一候獭祭鱼；二候鸿雁北；三候草木萌动。

在黄河流域，雨水节气期间天气寒冷，雪花纷飞，难闻雨声淅沥。在江淮及其以南一带，雨水时节恰是倒春寒的时候，有时一年一次的大雪就指望这个时候。所有的农作物，也因为雨水的到来，一片生机盎然。俗话说“春雨贵如油”说的就是这个意思。农谚说：“雨水有雨庄稼好，大春小春一片宝。”

自古以来，无数诗人对于雨水时节都有着特别的喜爱。唐朝诗人杜甫在《春夜喜雨》中写道：“好雨知时节，当春乃发生。随风潜入夜，润物细无声。野径云俱黑，江船火独明。晓看红湿处，花重锦官城。”韩愈在《早春呈水部张十八员外（其一）》写道：“天街小雨润如酥，草色遥看近却无。最是一年春好处，绝胜烟柳满皇都。”明太祖朱元璋也在《新雨水》写道：“片云风驾雨飞来，顷刻凭看遍九垓。楹外近聆新水响，遥穹一碧见天开。”这些诗歌和故事都源于人们对于春雨的喜爱。所以春雨不来，春天就不算真正的来到了。

咏廿四气诗·雨水正月中

［唐］ 元稹

雨水洗春容，平田已见龙。
祭鱼盈浦屿，归雁过山峰。
云色轻还重，风光淡又浓。
向春入二月，花色影重重。

在春雨的洗练和滋润中，天上地下，寒冬腊月的愁容已经散尽，把春天打扮得清新典雅、风韵渐浓。一望无际的原野上，春风染绿了树梢，水汽袅袅升起，远处似乎看到了一条龙在低空飞舞游动。水的中央，鱼感水暖上游，水獭捕食，往往吃两口就扔于岸上，看上去像是以鱼祭天。老百姓也学着举鱼祭天，祈求风调雨顺。归来的大雁，落在山口处，小憩着、诉说着、分享着。远看，天上的云儿缥缈着，一会儿轻如鸿毛，一会儿重似千钧，把天空描画得忽明忽暗。近看，在原野上，风光如此迷离，一会儿淡如清水，一会儿浓似凝香，山说近也远，森林说绿还黄，水面说平也皱，风说急也缓，心说寒也暖。时间即将踏上二月的门槛，春天还只是刚刚开始，但花儿的影子，似乎一重一重的，有谁不期待那山花烂漫春满园。

首联说出了春雨的魅力，在于为大地清洗春容，田野深处已是一片生机盎然。雨水之三候，草木萌动。麦苗也在春雨中开始拼命萌发。

颔联讲的是三候中之二候：一候獭祭鱼；二候鸿雁北。上句讲獭祭鱼：獭为水獭，鱼感水暖上游，水獭捕食，往往吃两口就扔于岸上，古人认为是以鱼祭水。下句讲鸿雁北：雨水后五日，热归塞北，寒去江南，大雁由此感知到春信，即刻北飞。水獭出来了，大雁也回来了，这都是春天萌动的现象。

颈联，“云色”对“风光”，“轻还重”对“淡又浓”。云色一会轻一会重，天空忽明忽暗，或晴或阴，这也是雨水时节的天气现象。景色一会儿淡如清水，一会儿浓似凝香。山说近也远，森林说绿还黄，水面说平也皱，风说急也缓，心说寒也暖。

尾联，说时间已走到正月末，即将进入二月。欧阳修《少年游·栏干十二独凭春》说道：“千里万里，二月三月，行色苦愁人。”行人为何会苦呢？一是雨水多、道路泥泞不堪，不利于行人行走；二是正值百花齐放的时节，行人却不得不背上行囊远赴他乡。所以，春雨时节既充满了离别，也充满了希望与喜悦。花儿的影子，一重又一重，不就像是我们对着春天许下的诸多愿望吗！

观田家

［唐］韦应物

微雨众卉新，一雷惊蛰始。
田家几日闲，耕种从此起。
丁壮俱在野，场圃亦就理。
归来景常晏，饮犊西涧水。
饥劬不自苦，膏泽且为喜。
仓禀无宿储，徭役犹未已。
方惭不耕者，禄食出闾里。

春雨过后，所有的花卉都焕然一新。一声春雷，蛰伏在土壤中冬眠的动物都被惊醒了。农民没有几天悠闲的日子，春耕就开始了。诗人描绘了健壮的青年、留在家里的女人及小孩每天忙碌的景象，但他们自己却不觉得苦。即使他们整日忙碌，家里的粮食也没有储备，劳役只能没完没了。诗人看到这些不禁想到自己从不耕种，但是俸禄来自乡里，深感惭愧。

惊蛰，古称“启蛰”，是二十四节气中的第三个节气，更是干支历卯月的起始，时间点在公历3月5～6日之间，太阳到达黄经345°时。《月令七十二侯集解》中道“万物出乎震，震为雷，故曰惊蛰。是蛰虫惊而出走矣。”天上的春雷惊醒蛰避的动物，蛰虫惊醒，天气转暖，渐有春雷。

惊蛰雷鸣最引人注意，如“未过惊蛰先打雷，四十九天云不开。”惊蛰节气正处乍寒乍暖之际，根据冷暖预测后期天气的谚语有：“冷惊蛰，暖春分”等。惊蛰节气的风也用来作为预测后期天气的依据，如“惊蛰刮北风，从头另过冬。”“惊蛰吹南风，秧苗迟下种。”现代气象科学表明，惊蛰前后之所以偶有雷声，是大地湿度逐渐增大从而促使近地面暖空气上升或北上的暖湿空气势力较强与活动频繁所导致的。从我国各地自然物候进程看，由于南北跨度大，春雷始鸣的时间迟早不一。云南南部在1月底前后即可闻雷，而北京的初雷日却在4

月下旬。“惊蛰始雷”的说法仅与沿长江流域的气候规律相吻合。

“春雷响，万物长”，惊蛰时节正是大好的“九九”艳阳天，气温回升，雨水增多。除东北、西北地区仍是银装素裹的冬日景象外，我国大部分地区平均气温已升到0℃以上，华北地区日平均气温为3～6℃，江南地区为8℃以上，而西南和华南已达10～15℃，早已是一派融融春光了。

惊蛰节气在农忙上有着非常重要的意义。我国劳动人民自古很重视，把它视为春耕开始的日子。唐代诗人韦应物在《观田家》里提到：“微雨众卉新，一雷惊蛰始。田家几日闲，耕种从此起。”农谚也说：“过了惊蛰节，春耕不能歇。”“九尽杨花开，农活一齐来。”

古人分惊蛰为三候：一候桃始华。桃花感受到春的气息，陆续盛放，分外迷人。伴着仲春的第一声惊雷，气温快速回升，农家也进入了忙碌的春耕。二候鸧鹒鸣。鸧鹒就是黄鹂，黄鹂最早感春阳之气，惊蛰五日后，黄鹂啼鸣着辗转于乡村林间。三候鹰化为鸠。再过五日，隐遁许久的布谷鸟重新发出了悦耳的欢鸣。

惊蛰时节，一声声惊雷惊动了多少文人墨客的诗心，留下了无数动人的惊蛰诗词。他们欣喜于万物复苏，借着春天的生发之气，抒发自己的人生情怀，表达自己的人生志向。

春晴泛舟

［宋］陆游

儿童莫笑是陈人，湖海春回发兴新。
雷动风行惊蛰户，天开地辟转鸿钧。
鳞鳞江色涨石黛，嫋嫋柳丝摇麴尘。
欲上兰亭却回棹，笑谈终觉愧清真。

这是一首借景抒情的诗作，诗人笔下的春光无限好。惊蛰这天，陆游泛舟游湖，感受春天来了，万物复苏的美景。看到周围活泼的孩子，陆游感慨自己年纪大了，但也不想错过这美丽的春日景色。如果不好好享受美景，真是一种浪费呀！

惊蛰日雷

［宋］仇远

坤宫半夜一声雷，蛰户花房晓已开。
野阔风高吹烛灭，电明雨急打窗来。
顿然草木精神别，自是寒暄气候催。
惟有石龟并木雁，守株不动任春回。

春雷阵阵，花儿开放，野阔风高，电明雨急，这就是惊蛰春雷。

咏廿四气诗·惊蛰二月节

［唐］元稹

阳气初惊蛰，韶光大地周。
桃花开蜀锦，鹰老化春鸠。
时候争催迫，萌芽互矩修。
人间务生事，耕种满田畴。

元稹的这首《咏廿四气诗·惊蛰二月节》极其精彩地概括了惊蛰节气动植物的季节变化，描绘了一幅生机盎然的春光画卷。

这首诗的意思是冬至之后，阳气上升，刚到惊蛰，韶光显现，弥漫大地。看那桃花，就像蜀锦，多姿多彩，绚丽绽放。天空翱翔的老鹰，知趣地离开，取而代之的是树梢上飞来的春鸠。春日美好的时光，争相催促着万事万物。草木已开始萌芽，甚至树芽儿也似乎按着一定的规则修剪成长。人们为了生计，走进田间地头耕种，处处可见他们忙碌的身影。

“初”字道出了诗人对于惊蛰节气的喜爱。初，意味着春天的初次相见，带着期待与期盼。自古以来，桃花代表了春的使者，令无数诗人灵感乍现，佳作迭起。惊蛰，不但叫醒了沉睡的小动物们，也唤醒了诗人们的灵感与才情。这大概就是惊蛰的魅力吧。除了一候桃花，惊蛰节气的另外两候信使也一并到来：“二候杏花，三候蔷薇”。因而，“杏花春雨江南”“满苑蔷薇香伏虎，半池柽柳水生魂。”这些优美的词句都是为了赞美惊蛰时节的春天。有桃花、杏花、蔷薇三君，春天就足以惊艳天下了。

惊蛰时节，万事万物都拼命生长，正如老子《道德经》所说：“万物并作”。天下万物生于有，有生于无。我们人类也应该按照万事万物发展变化的现象，来看待、处理我们身边的问题。世界上没有一成不变的事物。草木有萌发，就会有枯萎。所以，这样一个催迫万物生长的季节给老子提供了新的哲学概念。而无数文人墨客也在这变化之中期待着生命里的一场浪漫之旅。事实上，萌发的岂止是草木，更有一颗颗渴望自由的心灵。当诗人看到这些萌芽儿一个个都长得整整齐齐，仿佛在互相打招呼，一切就变得更加生动有趣。

七绝·苏醒

［宋］徐铉

春分雨脚落声微，柳岸斜风带客归。
时令北方偏向晚，可知早有绿腰肥。

春分时节落雨飘洒，雨声细微，杨柳岸斜风轻拂带回远方的客人。这个时节北方要来得晚一些，却不知此时的南方已是草长莺飞、花红柳绿了。

春分，是二十四节气之一，春季的第四个节气。斗指壬，太阳黄经达0°，于每年公历3月19～22日交节。春分在天文学上有重要意义，春分这天南北半球昼夜平分，自这天以后太阳直射位置继续由赤道向北半球推移，北半球各地白昼开始长于黑夜，南半球与之相反。在气候上，也有比较明显的特征，我国除青藏高原、东北、西北和华北北部地区外均进入了明媚的春天，在辽阔的大地上，杨柳青青、莺飞草长、小麦拔节、油菜花香。春分的意义，一是指一天时间白天黑夜平分，各为12小时；二是古时以立春至立夏为春季，春分正当春季三个月之中，平分了春季。春分后，气候温和，雨水充沛，阳光明媚。春分时节，我国民间有放风筝、吃春菜、立蛋等风俗。

春分节气，东亚大槽明显减弱，西风带槽脊活动明显增多，蒙古到东北地区常有低压活动和气旋发展，低压移动引导冷空气南下，北方地区多大风和扬沙天气。当长波槽东移，受冷暖气团交汇影响，会出现连续阴雨和倒春寒天气。古代文人墨客的诗词记录了春分节气不同的气候表现。

癸丑春分后雪

［宋］苏轼

雪入春分省见稀，半开桃李不胜威。
应惭落地梅花识，却作漫天柳絮飞。
不分东君专节物，故将新巧发阴机。
从今造物尤难料，更暖须留御腊衣。

这是北宋诗人苏轼创作的一首七言律诗，是苏轼出任杭州通判时写的一首“感事”诗。写作时间是宋神宗赵顼熙宁六年（农历癸丑），亦即公元1073年。这一年的杭州春分之后居然落了一场大雪，苏轼有感于时令的反常而作。表面上，仅为“春分后雪”而作，但却绝不单单是因为“感时”，而更主要的则是“感事”。

过了春分之后，杭州还落这样的大雪，回想起来，确实是多年少见。桃花开在梅花之后，而春分前后，正是将开未开的时节，所以说是“半开”。桃杏虽然争春，但却没有梅花那样耐寒傲雪的骨气，经不起这场春雪的威猛欺凌。和梅花相比，桃花显然应该感到自己的见识短浅，没有预料到老天爷还会在春分之后落这么大的雪。看人家梅花，这时候早已开败了，花瓣儿落地了，“任凭雪下得再大，却能奈得何来？”在这种突然打击之下，桃花虽然还是半开，但也只能化作片片柳絮、漫天飘零了。

咏廿四气诗·春分二月中

［唐］元稹

二气莫交争，春分雨处行。
雨来看电影，云过听雷声。
山色连天碧，林花向日明。
梁间玄鸟语，欲似解人情。

阴阳二气不要交相争斗了，不如在春分时节，多向春雨深处行走。春雨来时，可以看天空中闪电忽明忽暗；乌云来时，可以听天空中轰隆作响的雷声。山色青翠，与天空连成一片，碧空如洗。林间的花儿，分外妖娆，与日光连成一片，分外明亮。梁间的燕子，窃窃私语，似乎想要读懂人们内心的复杂情感。

这首诗通篇都在描写春分晴雨时分的奇丽景象，却在尾联抛出了“解人情”的心灵密码。首联，二气，是指阴阳，这两个冤家，整天吵吵闹闹，无时无刻不在比试高下。即便在这样美好的春日也不消停。所以，诗人说，你们别打了，跟我一起去看看春雨吧。没听说过，朦朦胧胧的春雨笼罩下，有无数的姹紫嫣红和动人心魄的绝妙景色么。

正如宋代词人仲并《画堂春·即席》所写：“溪边风物已春分，画堂烟雨黄昏。水沉一缕袅炉薰，尽醉芳尊。”春分的雨，因为杨柳青青，遂有了一个更加优美的词：烟雨。烟，忽明忽暗，缭绕蒸腾，朦朦胧胧，这样的雨，有时候竟小得不必打伞，只是发丝上会沾上一些水汽。这天地间，大概没有比烟雨更撩人心魄的了。

颔联，写春分时雨中所见到的奇特景象。这些景象即春分三候之二候：“一候元鸟至；二候雷乃发声；三候始电。”久违的电闪雷鸣预示着仲春天来了。这里，“雨来”对“云过”，“电影”对“雷声”，中间用一“看”和“听”，表明诗人对于大自然变化的喜爱与期待。

颈联，写雨过天晴后的春分景象，亦是分外动人。你看那连绵起伏的青翠山峰，连着天际，一碧万顷。林间的野花透过稀稀疏疏的枝叶，在日光的沐浴下，倍显明艳。这是多么美丽的晴朗春日图啊！同样在诗人欧阳修的笔下《阮郎归·南园春半踏青时》，亦是非常迷人的“风和闻马嘶，青梅如豆柳如眉，日长蝴蝶飞”。

尾联，玄鸟即燕子，这里说的是春分三候之另一候：元鸟至。“元”，在古代通“玄”，说的都是燕子。长卿《春分》，也提到玄鸟：“日月阳阴两均天，玄鸟不辞桃花寒。从来今日竖鸡子，川上良人放纸鸢。”可见唐人用玄鸟指代燕子的称呼。燕子一到，闺怨的女子也开始怀春了。它们在梁间飞来飞去，相互说着悄悄话，仿佛也在学人欣赏春分的景色。

清明节，又称踏青节、行清节、三月节、祭祖节等，节期在仲春与暮春之交。清明节源自上古时代的祖先信仰与春祭礼俗，兼具自然与人文两大内涵，既是“二十四节气”之一，又是传统祭祖节日。扫墓祭祖与踏青郊游是清明节的两大礼俗主题，这两大传统礼俗主题在中国自古传承，至今不辍。

斗指乙（或太阳黄经达15°）为清明节气，交节时间在公历4月5日前后。这一时节，生气旺盛、阴气衰退，万物“吐故纳新”，大地呈现春和景明之象。《岁时百问》：“万物生长此时，皆清洁而明净。故谓之清明。”《历书》：“春分后十五日，斗指乙，为清明，时万物皆洁齐而清明，盖时当气清景明，万物皆显，因此得名。”

清明是反映自然界物候变化的节气。这个时节阳光明媚、草木萌动、气清景明、万物皆显，自然界呈现生机勃勃的景象。时至清明，在中国南方地区已气候清爽温暖、大地呈现春和景明之象；在北方地区也开始断雪，渐渐进入阳光明媚的春天。清明一到，气温升高，雨量增多，正是春耕春种的大好时节。故有“清明前后，点瓜种豆。”“植树造林，莫过清明。”的农谚。

咏廿四气诗·清明三月节

［唐］元稹

清明来向晚，山渌正光华。
杨柳先飞絮，梧桐续放花。
鴽声知化鼠，虹影指天涯。
已识风云意，宁愁雨谷赊。

清明向着晚霞，才肯展露绝代风华；山泉映着华光，才懂得清明的意蕴。柳絮漫天飞舞，梧桐陆续放花。鴽鸟的叫声里，似乎知道田鼠的变化；看彩虹的影子，好像一直指向天涯。已识别出风云的美意，哪用愁布谷鸟来了，收成不好而赊账。可见，万物自在、百姓安居，这样的清明，才算是最完美的。

《清明》是唐代文学家杜牧的诗作。此诗写清明春雨中所见，色彩清淡，心境凄冷，历来广为传诵。

清明

［唐］杜牧

清明时节雨纷纷，路上行人欲断魂。
借问酒家何处有，牧童遥指杏花村。

诗意是清明节的时候，诗人不能回家扫墓，孤零零一个人在异乡路上奔波，心里已经不是滋味，何况，天公不作美，阴沉着脸，将牛毛细雨纷纷洒落下来，眼前迷蒙蒙的，春衫湿漉漉的，路上行人情绪低落，神魂散乱。想找个酒店避避雨，暖暖身，消消心头的愁苦吧，可酒店在哪儿呢？诗人想着，便向路旁的牧童打听。骑在牛背上的小牧童用手向远处一指——哦，在那开满杏花的村庄，一面酒店的幌子高高挑起，正在招揽行人呢！

这一天正是清明佳节，诗人杜牧在行路中间可巧遇上了雨。清明，虽然是柳绿花红、春光明媚的时节，可也是气候容易发生变化的时期，常常赶上“闹天气”。远在梁代，就有人记载过：在清明前两天的寒食节，往往有“疾风甚雨”。若是正赶在清明这天下雨，还有个专名叫作“泼火雨”。诗人杜牧遇上的正是这样一个日子。

诗人用“纷纷”两个字来形容那天的“泼火雨”，这“雨纷纷”正抓住了清明“泼火雨”的精神，传达了那种“做冷欺花，将烟困柳”的凄迷而又美丽的境界。这“纷纷”形容那春雨的意境，可是它又不只是如此而已，它实际上还在形容那位雨中行路者的心情。“行人”是出门在外的行旅之人，“断魂”是极力形容那一种十分强烈，可是又并非明白表现在外面的很深隐的感情。本来佳节行路之人已经有不少心事，再加上身在雨丝风片之中，纷纷洒洒，冒雨趱行，那心境更是加倍的凄迷纷乱了。

谷雨，是我国农历二十四个节气中第六个节气，也是春季的最后一个节气。斗指辰，太阳黄经为30°，于每年公历4月19日～21日交节。谷雨是“雨生百谷”的意思，此时降水明显增加，田中的秧苗初插、作物新种，最需要雨水的滋润，谷雨时节降雨量充足而及时，谷类作物能茁壮成长。《月令七十二候集解》中具体这样说“三月中，自雨水后，土膏脉动，今又雨其谷于水也……盖谷以此时播种，自下而上也。”故此得名。

我国古代劳动人民又将谷雨分为三候：“第一候萍始生；第二候鸣鸠拂其羽；第三候为戴任降于桑。”是说谷雨后降雨量增多，浮萍开始生长，接着布谷鸟便开始提醒人们播种了，而桑树上开始见到戴胜鸟。

谷雨节气，东亚高空西风急流会再一次发生明显的减弱和北移，华南暖湿气团比较活跃，西风带自西向东环流波动比较频繁，低气压和江淮气旋活动逐渐增多。受其影响，江淮地区会出现连续阴雨或大风暴雨。

谷雨节气的物候特征，古代的文学家大诗人有非常确切的记录。在古诗词中，可以完全体现谷雨时节、谷雨三候相应物候特征的诗就是唐朝诗人、大文学家元稹的诗作《咏廿四气诗 · 谷雨春光晓》，堪称最美、最经典的谷雨诗。元稹这首谷雨诗，最大的特点就是诗人狠狠地抓住了谷雨节气中的三候特征，直击谷雨时节的全部特征。

咏廿四气诗 · 谷雨春光晓

［唐］元稹

谷雨春光晓，山川黛色青。
叶间鸣戴胜，泽水长浮萍。
暖屋生蚕蚁，喧风引麦葶。
鸣鸠徒拂羽，信矣不堪听。

谷雨时节，春光明媚。青山平原间，郁郁葱葱一片深绿色。枝繁叶茂的蚕桑树的叶子间，鸡冠鸟在不停地叫着。池塘沼泽地开始长出了青青的浮萍草。温暖的蚕室里，蚕宝宝开始出生了。一阵阵微风吹拂牵引着田野里刚刚抽穗的麦子和路边的野草葶苈子。远处的布谷鸟不停地拍打着自己的翅膀，勤劳的人们也没有时间去理会，看似徒劳，但布谷鸟确实是在向人们传递一种信号，可以开始播种了，只是其叫声有点哀婉，不堪入耳。

谷雨

［现代］左河水

雨频霜断气清和，柳绿茶香燕弄梭。
布谷啼播春暮日，栽插种管事诸多。

现代诗人左河水的《谷雨》也是一首描写谷雨节气在中国的气象、动植物变化及暮春的春耕生产活动情况的七言绝句诗。诗中描写了在此节气里，中国大部分地区“雨频霜断”的天气、“柳绿茶香”的碧野、“莺歌燕舞”的田地等暮春的景象。同时，表达了在这春末之时，我国长江中下游地区的农业生产特别繁忙，栽插种管之农事多的农业生产情况。

立夏，是二十四节气中的第七个节气，也是夏季的第一个节气。立夏预示着季节的转换，表示盛夏时节的正式开始，太阳到达黄经45°时为立夏，时间一般在每年公历的5月5日或6日。立夏以后，中国江南地区气温回升快，降雨量和降雨的天数都会明显增多。《月令七十二候集解》中说："立字解见春。夏，假也，物至此时皆假大也。"这里的"假"，即"大"的意思，是说春天播种的植物已经直立长大了。

古代，人们非常重视立夏的礼俗。在立夏的这一天，古代帝王要率文武百官到京城南郊去迎夏，举行迎夏仪式。君臣一律穿朱色礼服，配朱色玉佩，连马匹、车旗都要朱红色的，以表达对丰收的祈求和美好的愿望。宫廷里"立夏日启冰，赐文武大臣"。冰是上年冬天贮藏的，由皇帝赐给百官。江浙一带，人们因大好的春光过去了，未免有惜春的伤感，故备酒食为欢，好像送人远去，名为饯春。崔骃在《大将军临洛观赋》里说："迎夏之首，末春之垂。"吴藕汀《立夏》诗也说："无可奈何春去也，且将樱笋饯春归。"在民间，立夏日人们喝冷饮来消暑。立夏日，江南水乡有烹食嫩蚕豆的习俗。有的地方还有立夏日称人的习俗。宋代诗人翁卷在《乡村四月》诗中说："绿遍山原白满川，子规声里雨如烟。乡村四月闲人少，才了蚕桑又插田。"

立夏

吴藕汀

多年不见小黄鱼，寄客何来樱笋厨。
立夏将离春去也，几枝蕙草正芳舒。

元稹的《立夏》诗也一扫诸多的牢骚，充满了无限的柔情。

咏廿四气诗·立夏四月节

［唐］元稹

欲知春与夏，仲吕启朱明。
蚯蚓谁教出，王菰自合生。

帘蚕呈茧样，林鸟哺雏声。
渐觉云峰好，徐徐带雨行。

想要知道春天与夏天如何交替，农历四月请来火神祝融开启夏季。是谁教蚯蚓爬出来的，王瓜藤蔓自发肩并肩快速生长。竹帘上，蚕儿们呈现作茧的样子，林中鸟儿正喂着吵闹要吃食的幼鸟。越来越觉得云雾缭绕的山峰煞是好看，不一会儿，云雾带着雨滴徐徐走来。

首联，点出立夏节气这样一个特殊的时间节点。想要知道春天与夏天如何交替，农历四月请来火神祝融开启夏季。朱明，是传说中的火神祝融。他带来的是关于夏天的热烈与奔放。一切像火苗一样，婀娜多姿，妩媚动人。

颔联，“蚯蚓”对“王菰”，是讲立夏三候：一候蝼蝈鸣；二候蚯蚓出；三候王瓜生。即说蝼蝈（俗名拉拉蛄、土狗）开始聒噪夏日的来临，蚯蚓也忙着帮农民们翻松泥土，王瓜的蔓藤开始快速攀爬生长。蝼蝈鸣叫，诗中并没写，但我们生活中却日常可听。蚯蚓出洞，王瓜生藤，也都是立夏时节极易见到的现象。有人说，蚯蚓即地龙也。地龙出土，入天则为雷，所以，夏季雨多。多雨的夏日，引得蚯蚓四处乱爬。王瓜，于江淮一带并不多见，倒是黄瓜，几乎家家种。其蔓藤开始快速生长，加上雨水颇勤，过不了几日，黄瓜就能在应季“蕃秀”中，结出果实来。

颈联，由植物的“蕃秀”，转入到动物的孕育。蚕儿们结茧，是为了后代化茧成蝶。林鸟哺雏，是为了尽快生长。猫狗等动物也都喜欢在春天交配，夏天孕育。植物似乎比动物行动慢一拍，相比较，植物似乎更加长情，享受“蕃秀”的过程。

尾联，看万事万物，一切郁郁葱葱，沐浴在一片“蕃秀”之中，充满无限生机。也知道及时送来雨水滋润，助力万物生长。

小满，二十四节气中的第八个节气，夏季的第二个节气。每年5月20日到22日之间太阳到达黄经60°时为小满。小满后，天气渐渐由暖变热，并且降水也会逐渐增多，民谚有“小满大满江河满”的说法。《月令七十二候集解》：“四月中，小满者，物致于此小得盈满。”不满，则空留遗憾；过满，则招致损失；小满，才是最幸福的状态。小满，给人一种蓄力向上的感觉。小，还可变大，意味着生长、潜力、空间。大，只能变小，就会减少，象征着走向衰退。可见，小满这个节气名字是最有哲学意味的。

对于北方地区而言，小满往往是二十四个节气中日照时间最长的，“给点儿阳光就灿烂”，加上空气干燥，北方一些地方的气温很容易超越南方。

一般来说，如果此时北方冷空气可以深入到我国较南的地区，南方暖湿气流也强盛，容易在华南一带造成暴雨或特大暴雨。因此，有民谚说“小满大满江河满”，反映了这一地区降雨多、雨量大的气候特征，小满节气的后期往往是这些地区防汛的紧张阶段。对于长江中下游地区来说，如果这个阶段雨水偏少，可能是太平洋上的副热带高压势力较弱，位置偏南，意味着到了黄梅时节，降水可能会偏少。因此有民谚说“小满不下，黄梅偏少。”“小满无雨，芒种无水。”小满节气时，黄河中下游等地区还流传着这样的说法：“小满不满，麦有一险。”这“一险”就是指小麦在此时刚刚进入乳熟阶段，非常容易遭受干热风的侵害，从而导致小麦灌浆不足、粒籽干瘪而减产。此外，小满节气期间江南地区往往也是江河湖满，如果不满，必是遇上干旱少雨年。这方面的谚语很多，如安徽、江西、湖北三省有“小满不满，无水洗碗。”的说法；广西、四川、贵州等地区有“小满不满，干断田坎。”的农谚；四川省还有“小满不下，犁耙高挂。”之说。这里的“满”字，不是指作物颗粒饱满，而是雨水多的意思。

五绝·小满

［宋］欧阳修

夜莺啼绿柳，皓月醒长空。
最爱垄头麦，迎风笑落红。

这是北宋文学家欧阳修为人们描绘的一幅小满时节的美丽风景画，绘出了初夏柳绿、夜晴，麦子茁壮成长的景色。

初夏时节，夜莺在茂盛的绿柳枝头自由自在地啼鸣，明月照亮了万里长空。我最喜欢观看这个时节田垄前的麦子了，在初夏的风中轻轻摇曳，笑看那满地落花。好一番丰收的希望！欧阳修将夜间所闻所见与傍晚日落时分的画面进行对比，给人以视听的美好享受。

咏廿四气诗·小满四月中

［唐］元稹

小满气全时，如何靡草衰。
田家私黍稷，方伯问蚕丝。
杏麦修镰钐，锄櫂竖棘篱。
向来看苦菜，独秀也何为？

小满时节，正是阳气充足的时候，那些靡草怎么会枯萎呢？农民们忙着管理好自己的粮食作物，地方官员抓紧过问蚕丝的生产情况。杏黄麦熟，赶紧修理好镰钐，铁具四齿耙，将棘篱竖好，方便瓜苗攀爬。孟夏时节，大家都将目光投向苦菜，它独自茂盛的原因又是什么呢？

全诗的诗眼，可谓一个“全”字。一切准备充分，只待收获。

首联，通过发问，讲采药人的全备。阳气这么充足的小满节气，万物都欣欣向荣，为何靡草会衰败呢？其实，这里的“靡草”是一种药草名。万物蕃秀，靡草也不例外。但茂盛的靡草哪里去了呢？原来是被人们当作草药，给取走了。据《吕氏春秋·孟夏纪》里讲，靡草是因“聚蓄百药”而死的。它可为人们做出许多贡献。

颔联，通过“私”“问”两个动词，讲述农民与官员的全备状态。农民知道，庄稼就快要成熟，私下里往田间跑，一遍又一遍，不知道跑了多少趟。就盼着黍稷早点长熟，今年的口粮还指望它。官员们也亲自到农家来，抓紧过问蚕丝的生产情况，看看哪家有什么困难没有。靠天吃饭的年代，大家都希望能有一个好收成。

颈联，“杏麦”对“锄櫂”、“修”对“竖”、“镰钐”对“棘篱”非常工整，田园生活味道极浓。尤其是两个动词的使用，与颔联的两个动词呼应，让场景突然生动起来。原本这些事物都静止不动，但因采药人的“摘”，田家农人的“私”，官员方伯的“问”，镰钐的“修”，棘篱的“竖”，全都一时忙将起来。这是多么美丽的一幅田园风光图啊！它让我们知道四时农事的变幻。如今，久居都市的人们早已感受不到这些了。

尾联，还是围绕一个“全”字。古人把小满分为三候：“一候苦菜秀，二候靡草死，三候麦秋至。”首联下句讲的是“二候靡草死”，颔联上句讲的是“三候麦秋至”，所以尾联讲“一候苦菜秀”，小满三候这就全备了。如果说，上面三联都是讲述人们是如何全备的，那么尾联则是讲植物是如何全备的。苦菜已经全备，为何还能独秀呢？因为人们都在忙碌，还没有理到它。等人们闲下来，这些清热解毒的苦菜也会和靡草命运一样。这样一个全备的节气，却称为“小满”，是不是古人留给我们的生存智慧呢？

芒种，字面意思是“有芒的麦子快收，有芒的稻子可种”，因此“芒种”又叫“忙种”，是一个典型反映农业物候现象的节气，是二十四节气中的第九个节气，夏季的第三个节气 。每年6月5日或6日，太阳达到黄经75°便为芒种。

芒种一词，最早出自《周礼》的“泽草所生，种之芒种。”东汉郑玄的解释是“泽草之所生，其地可种芒种，芒种，稻麦也。”芒种，既包含收获，又包含播种的节气，在二十四节气中是“独一个”。中国古代将芒种分为三候：一候螳螂生；二候鵙始鸣；三候反舌无声。

芒种时节雨量充沛，气温显著升高。常见的天气灾害有龙卷风、冰雹、大风、暴雨、干旱等。在此期间，除了青藏高原和黑龙江最北部的一些地区，没有真正进入夏季以外，大部分地区的人们，一般来说都能够体验到夏天的炎热。6月份，无论是南方还是北方，都有出现35℃以上高温天气的可能，黄淮地区、西北地区东部可能出现40℃以上的高温天气，但一般不是持续性的高温。

咏廿四气诗·芒种五月节

［唐］元稹

芒种看今日，螳螂应节生。
彤云高下影，鴳鸟往来声。
渌沼莲花放，炎风暑雨情。
相逢问蚕麦，幸得称人情。

芒种节气，螳螂适应节令，也都应节而生了。彩云下面时不时飘过鴳鸟的身影。池塘里的莲花静静绽放，炎热的南风中，暑雨别有情致。大家见了面就问家里蚕养得怎么样和麦子收割得怎么样。幸运的是乡村仍保存着淳朴的人情。

对于唐代诗人元稹而言，芒种节气蕴涵着物候的变化与丰收的喜悦。首联，诗人直言今日芒种，并带出芒种三候之一候：螳螂生。颔联，写物候之二候：

鹅始鸣。颈联，“渌沼”对“炎风”，“莲花放”对“暑雨情”。一组清新的夏日画面，扑面而来。幽幽的长夏，就这样被诗意地呈现在我们面前。尾联，讲农人正忙着收获蚕麦。蚕儿上山、麦子出芒，当收。而几乎同时，稻子有芒，当种。这是一个“收种并举”的忙碌季节。老百姓忙得开心，忙得高兴。朴实的话语，共同的话题，使得大家的感情，自然而然地越来越好。活在夏风里，活在淳朴中，活在希望与收获里。芒种，真是一个令人最爱的季节。

夏至，是二十四节气的第十个节气。斗指午，太阳黄经90°，于公历6月21～22日交节。夏至这天，太阳直射地面的位置到达一年的最北端，几乎直射北回归线（北纬23°26′），北半球北回归线以北地区的白昼达到最长，且越往北昼越长。这是地球自转轴倾斜造成的“昼长夜短效应”，越接近两级越明显。夏至是太阳北行的转折点，夏至这天过后太阳将走“回头路”，太阳光直射点开始从北回归线向南移动。对于我国位于北回归线以北的地区来说，夏至日过后，正午太阳高度开始逐日降低；对于我国位于北回归线以南的地区来说，夏至日过后，正午太阳高度经过南返的太阳直射后才开始逐日降低。

夏至在中夏之位，即午位，午属阳。夏至虽然阳气较盛，且白昼最长，但却未必是一年中最热的一天，此时接近地表的热量仍在积蓄，并没有达到最多的时候。夏至以后地面受热强烈，空气对流旺盛，易形成雷阵雨。这种热雷雨骤来疾去，降雨范围小，人们称“夏雨隔田坎”。唐代诗人刘禹锡曾巧妙地借喻这种天气，写出“东边日出西边雨，道是无晴却有晴。”的著名诗句。

夏至时节正是江淮一带的“梅雨”季节，这时正是江南梅子黄熟期，空气非常潮湿，冷、暖空气团在这里交汇，并形成一道低压槽，导致阴雨连绵的天气。夏至后虽然太阳直射点逐渐向南移动，北半球大部分地区白天一天比一天缩短，黑夜一天比一天加长，但由于太阳辐射到地面的热量仍比地面向空中散发的多，故在以后的一段时间内，气温将继续升高。因此有“夏至不过不热”的说法。俗话说“热在三伏”，真正的暑热天气大约在公历7月中旬到8月中旬。

盛夏烈日炎炎，人们也文思泉涌，夏至成为诗人们的咏吟对象，唐朝权德舆《夏至日作》“璿璇枢无停运，四序相错行。寄言赫曦景，今日一阴生。”诗人用朴素的辩证法描写了夏至，说事物都是在发展变化的，并告诫人们：炎炎夏日正是庄稼伸枝长叶、籽粒灌浆、孕育丰收的季节，要抓住这转瞬即逝的大好时机，加强田间管理。

唐代韦应物《夏至避暑北池》云："昼晷已云极，宵漏自此长。未及施政教，所忧变炎凉。公门日多暇，是月农稍忙。高居念田里，苦热安可当。亭午息群物，独游爱方塘。门闭阴寂寂，城高树苍苍。绿筠尚含粉，圆荷始散芳。于焉洒烦抱，可以对华觞。"这首诗观察细腻，描写入微，对夏天的景色做了一个概括描绘，诗人身居高位，夏至闲暇，独自一人，前去池塘消夏，路上看到百姓在农田里繁忙劳作，于是感叹农民是如何抵挡这炎热的夏天，再看到北池高墙古树，绿荫葱葱，寂静幽深，竹子青翠喜人，荷花微露红苞，不由得将一些烦恼都抛之脑后。

唐代诗人元稹的夏至之作也写出了夏至节气的万物变化。

咏廿四气诗·夏至五月中

［唐］元稹

处处闻蝉响，须知五月中。
龙潜渌水穴，火助太阳宫。
过雨频飞电，行云屡带虹。
蕤宾移去后，二气各西东。

夏至这一天，阳气达到极致，阴气开始回升。阴阳二气在此开始消长。对应到万物变化，诗人首先从蝉声察觉。夏至时节，处处皆能听到蝉鸣声响，仿佛在告诉人们一年已走到五月中。龙蛇畏惧炎热深潜在碧绿的潭水深处，离火协助太阳公公释放出更大的能量。雨过时，频频飞驰的闪电；云过时，屡屡带样的彩虹。阳律"蕤宾"换移离去后，阴阳二气开始各奔东西。

首联据经验点题，夏蝉五月中始叫，夏至也多在此时。五月：此处按农历计算。颔联用神话般的语言表明，夏至阳气由盛转衰，炎热仍未到顶。龙：阳气。颈联揭示，由于炎热，地面水分被蒸发，并在大气层中形成雨点，产生雷电和彩虹。尾联指出，夏至的根本特点在于，此日太阳直射地球最北处，白昼最长，随后向南移动，昼长日减；按干支推算，则从此阳衰阴盛。

小暑，是二十四节气之第十一个节气，也是干支历午月的结束以及未月的起始，公历每年7月7日或8日，视太阳到达黄经105°时为小暑。

《月令七十二候集解》："暑，热也。就热之中分为大小，月初为小，月中为大，今则热气犹小也。”暑，表示炎热的意思，小暑为小热，还不十分热。意指天气开始炎热，但还没到最热，全国大部分地区基本符合。这时江淮流域梅雨即将结束，盛夏开始，气温升高，并进入伏旱期；而华北、东北地区进入多雨季节，热带气旋活动频繁，登陆我国的热带气旋开始增多。

小暑开始，江淮流域梅雨先后结束，东部淮河、秦岭一线以北的广大地区开始了来自太平洋的东南季风雨季，降水明显增加，且雨量比较集中；华南、西南、青藏高原也处于来自印度洋和我国南海的西南季风雨季中；而长江中下游地区则一般为副热带高压控制下的高温少雨天气。但有的年份，小暑前后北方冷空气势力仍较强，在长江中下游地区与南方暖空气势均力敌，出现锋面雷雨。小暑时节的雷雨常是“倒黄梅”的天气信息，预兆雨带还会在长江中下游维持一段时间。小暑前后，中国南方大部分地区各地进入雷暴最多的季节。雷暴是一种剧烈的天气现象，常与大风、暴雨相伴出现，有时还有冰雹，容易造成灾害。华南东部，小暑以后因常受副热带高压控制，多连晴高温天气，开始进入伏旱期。中国南方大部分地区都有这一东旱西涝的气候特点。

咏廿四气诗·小暑六月节

［唐］元稹

倏忽温风至，因循小暑来。
竹喧先觉雨，山暗已闻雷。
户牖深青霭，阶庭长绿苔。
鹰鹯新习学，蟋蟀莫相催。

小暑有三候：“一候温风至；二候蟋蟀居壁；三候鹰始击。”忽然之间，温热的南风就到了，原来是跟寻小暑节气而来，说的就是三候中的第一候。

竹叶喧哗，预先感觉大雨将至，山色灰暗，已然听到隆隆雷声。此时的雨，已经变成雷阵雨，而不是淅淅沥沥的小雨了，大多会出现电闪雷鸣的大暴雨，雨后天空还会出现彩虹。

大门和窗外深藏着青色的雾霭，台阶和院落点缀着绿色的青苔。鹰鹯学习擒拿搏击之事，蟋蟀在屋内声声鸣叫，催老了光阴。说的是三候中的蟋蟀居壁和鹰始击。此时，雄鹰因为炎热，开始翱翔天际，一是为了纳凉，二是训练自己搏击猎物的本领。最可爱的莫过于蟋蟀，它也因为害怕炎热，而把它的家从田野搬到屋内来了。它那一声声的叫声仿佛又在告诉诗人，新的节气又来了，他的光阴也就更加少了。鬓角的一绺白发是不是它给叫白的呢?

大暑，是二十四节气之第十二个节气，也是夏季最后一个节气。每年的公历7月22日、23日之间，太阳到达黄经120°是大暑节气。斯时天气甚烈于小暑，故名曰大暑。“暑”是炎热的意思，大暑，指炎热之极。《逸周书》曰：“土润溽暑。又五日，大雨时行。”又曰：“大雨不时行，国无恩泽。”大暑是一年中日照最多、气温最高、雷雨天气横行的节气。大暑节气，高温酷热，雷暴频繁，雨量充沛，是万物狂长的时节。《月令七十二候集解》中说：“暑，热也，就热之中分为大小，月初为小，月中为大，今则热气犹大也。”《通纬·孝经援神契》说：“小暑后十五日斗指未为大暑，六月中。小大者，就极热之中，分为大小，初后为小，望后为大也。”

大家都知道“热在三伏”。大暑一般处在三伏里的中伏阶段。这时在我国大部分地区都处在一年中最热的阶段，而且全国各地温差也不大。刚好与谚语：“冷在三九，热在中伏。”相吻合。

大暑节气时，我国除青藏高原及东北北部外，大部分地区天气炎热，35℃的高温已是司空见惯，40℃的酷热也不鲜见。著名的三大火炉：南京、武汉、重庆在大暑前后也是炉火最旺。

在如此炎热的夏季，一般诗人都会想着如何避暑。

销暑

［唐］白居易

何以销烦暑，端居一院中。
眼前无长物，窗下有清风。
热散由心静，凉生为室空。
此时身自得，难更与人同。

怎么消去令人烦躁的暑热呢？端正地居住在一个庭院里，眼前没有什么贵重的物品，窗下吹来一阵阵清风。心静了酷热也就渐渐散去，室内空空凉气也就慢慢上来。心若清静，自得怡然，这时候身体凉爽我心得意，就更难让我去与人一起了。

元稹也是这样，在漫漫长夜，诗人热得睡不着觉，不知不觉就走到了屋外纳凉。

咏廿四气诗·大暑六月中

［唐］元稹

大暑三秋近，林钟九夏移。
桂轮开子夜，萤火照空时。
菰果邀儒客，菰蒲长墨池。
绛纱浑卷上，经史待风吹。

大暑来了，秋天也就不远了，“林钟”律音起，夏天就要过去了。一轮圆月开启子夜时光，萤火虫凭空翻飞照亮夜空。准备菰米邀请饱学诗书的客人，菰蒲铺满碧绿透凉的水面。不要卷上红色纱帐昏昏欲睡，古代典籍等着清风来翻阅。

子夜这样一个必须入睡的时间，元稹却没有休息，这是什么原因呢？其实，大家一定猜到了，因为子夜依然很热，热得诗人睡不着。所以，诗人干脆走出屋外去纳凉。

颔联，写诗人夜晚如何度过大暑节气。他看到了星河皎洁，月光澄明。最重要的是，他看到了其他季节看不到的萤火虫。萤火虫，只有在大暑最热的季节才会出现。

在这个炎热的时节，人都躲到阴凉处蔽日，而萤火虫却在此时孵化出壳。虽然它的生命只有短短的一个夏季，但它选择在最热的时节来到这个世界，那迎难而上的精神真是让人钦佩。“萤火照空时”的荧光点点，在酷暑中给人带去无限的浪漫和清凉。

颈联，写诗人白天如何度过大暑节气。诗人准备好了菰米邀请有学问的朋友来做客。《本草纲目》中记载，菰米的主要作用是能够解热消暑，但因为本身的营养价值比较高，而且产量也很低，所以它的价格是非常昂贵的，最终被人们用茭白取代了。菰和蒲在墨池里，快速生长，似乎要占据这小小的世界。这是说大暑节气植物生长很快，三五天不注意，它们已经长茂盛了。

尾联，写朋友还没有来，诗人就卷起红色的纱帐，躺在床上休息。不过还是热得睡不着，诗人想看看书让自己安静，可是还是不行。所以，诗人才借助这些经史典籍来说，这些书都和他一样等待凉风来吹。

立秋，是二十四节气中第十三个节气，秋季的第一个节气，于每年公历8月7～9日交节。此时，北斗七星的斗柄指向西南，太阳到达黄经135°。二十四节气反映了四时“气”的变化，立秋是阳气渐收、阴气渐长，由阳盛逐渐转变为阴盛的节点。立秋，也意味着降水、湿度等处于一年中的转折点，趋于下降或减少；在自然界，万物开始从繁茂成长趋向萧索成熟。

立秋并不代表酷热天气就此结束，立秋还在暑热时段，尚未出暑，秋季第二个节气（处暑）才出暑，初秋期间天气仍然很热。所谓“热在三伏”又有“秋后一伏”之说，立秋后还有至少“一伏”的酷热天气。按照“三伏”的推算方法，“立秋”这天往往还处在中伏期间，也就是说，酷暑并没有过完，真正有凉意一般要到白露节气之后。酷热与凉爽的分水岭并不是在立秋节气。

古代分立秋为三候：“初候凉风至”，立秋后，我国许多地区开始刮偏北风，偏南风逐渐减少，小北风给人们带来了丝丝凉意。“二候白露降”，由于白天日照仍很强烈，夜晚的凉风刮来形成一定的昼夜温差，空气中的水蒸气清晨在室外时植物上凝结成了一颗颗晶莹的露珠。“三候寒蝉鸣”，这时候的蝉，食物充足，温度适宜，在微风吹动的树枝上得意地鸣叫着，好像告诉人们炎热的夏天过去了。一候为5天，立秋15天，逐渐变凉。变凉是气候趋势，根据立秋三候的描述，或许处在气候偏冷周期时就有这种情况。

立秋节气预示着炎热的夏季即将过去，秋天就要来临。当立秋到来时，我国很多地方仍然处在炎热的夏季之中。立秋后虽然一时暑气难消，还有“秋老虎”的余威，但天气总的趋势是天气逐渐凉爽。气温的早晚温差逐渐明显，往往是白天很热，而夜晚却比较凉爽。当然，由于全国各地气候不同，秋季真正开始的时间也不一致。

“秋老虎”是我国民间指立秋（8月8日左右）以后短期回热天气。一般发生在8、9月之交，持续日数约7～15天。形成秋老虎的原因是控制我国的西太平洋副热带高压在秋季逐步南移，但又向北抬，在该高压控制下，晴朗少云，日射强烈，气温回升。有不少年份，立秋热，处暑依然热，故有“大暑小暑不是暑，立秋处暑正当暑。”的说法，这种夏秋连热的情况出现，“秋老虎”更加引起人们的关注，需更多提醒人们防暑降温。

立秋

［宋］刘翰

乳鸦啼散玉屏空，一枕新凉一扇风。
睡起秋声无觅处，满阶梧桐月明中。

这首诗写诗人在夏秋季节交替时的细致入微的感受，写了立秋一到，大自然和人们的生活发生了变化。小乌鸦的鸣叫聒耳，待乳鸦声散去时，只有玉色屏风空虚寂寞地立着。秋风吹来，顿觉枕边清新凉爽，就像有人在床边用绢扇在扇一样。睡梦中朦朦胧胧地听见外面秋风萧萧，可是醒来去找，却什么也找不到，只见落满台阶的梧桐叶，沐浴在朗朗的月光中。这首诗的最大特点是写出了夏秋之交自然界的变化。有的变化是显而易见的，如“满阶梧叶”，所谓“一叶落而知天下秋”。有的变化不是很显著，如首句通过声音能判断出是来自“乳鸦”，次句写立秋夜扇的风特别凉爽。这都反映出诗人对事物的变化特别敏感，对生活的观察与体验特别细致。

咏廿四气诗·立秋七月节

［唐］元稹

不期朱夏尽，凉吹暗迎秋。
天汉成桥鹊，星娥会玉楼。
寒声喧耳外，白露滴林头。
一叶惊心绪，如何得不愁。

没有料到夏天就这样走到了尽头，凉风吹起，偷偷地迎来了秋天。夜晚星河之上是谁搭成了一座鹊桥，让牛郎织女幽会在仙居。寒蝉鸣叫声在耳畔喧闹响起，晶莹露珠在林间枝头缓缓滴下。一片叶子惊起了心中的情思，怎样才能不会再增添忧愁呢！

不经意间，炎热的夏天就走到了时间的尽头，有不舍，有留恋，还有怀念。秋天来了，心底才会突生感叹，时间不等人。首联“不期朱夏尽，凉吹暗迎秋。”正是带着时间转换的一种无可奈何的心理去描写的。

颔联，“天汉成桥鹊，星娥会玉楼。”这里诗人是由牛郎织女的爱情，想起人间的爱情，继而想起自己的爱情。失去另一半的诗人，在此为尾联的“如何得不愁”埋下了伏笔。

颈联，“寒声”指代寒蝉的鸣叫声，与下句“白露”形成工稳对仗。如此巧妙将立秋二候编织进一联中，不得不赞叹元稹处理语句的高妙。使人感受到诗人观察自然的细致入微。

尾联，“一叶惊心绪，如何得不愁。”可谓立秋的名句。一叶知秋，一叶惊心。秋天就在那一片片变黄的叶子里悄然而至。

处暑，是二十四节气之中的第十四个节气，交节时间点在公历8月23日前后，太阳到达黄经150°。《月令七十二候集解》：“七月中。处，止也，暑气至此而止矣。”此后中国长江以北地区气温逐渐下降。

影响我国的冷高压控制下形成的下沉的、干燥的冷空气，先是宣告了中国东北、华北、西北雨季的结束，率先开始了一年之中最美好的天气——秋高气爽。处暑期间，真正进入秋季的只是东北和西北地区。但每当冷空气影响我国时，若空气干燥，往往带来刮风天气；若大气中有暖湿气流输送，往往形成一场像样的秋雨。每每风雨过后，特别是下雨过后，人们会感到较明显的降温。故有“一场秋雨（风）一场寒”之说。北方南部的江淮地区，还有可能出现较大的降水过程。气温下降明显，昼夜温差加大，雨后艳阳当空，人们往往对夏秋之交的冷热变化很不适应，一不小心就容易引发呼吸道感染、肠胃炎、感冒等疾病，故有“多事之秋”之说。

夏季称雄的副热带高压，虽说大步南撤，但绝不肯轻易让出主导权，轻易退到西太平洋的海上。在它控制的南方地区，刚刚感受一丝秋凉的人们往往在处暑尾声再次感受高温天气，这就是名副其实的“秋老虎”。对于刚刚走出三伏并且遭遇严重伏旱的地区，如果继续受副热带高压的控制，往往容易形成夏秋连旱，使秋季防火期大大提前，需要警惕。

长江中下游地区往往在秋老虎天气结束后才会迎来秋高气爽的小阳春，不过要到10月以后。在此期间，全国各地的暴雨总趋势是减弱的。但9月份仍是南海和西太平洋热带气旋活动较多的月份之一，该月热带气旋平均生成5.3个，仅次于8月份；而本月在我国沿海登陆的热带气旋平均约为1.8个，与8月份相等。热带风暴或台风带来的暴雨，对华南和东南沿海影响较大，降水强度一般呈现从沿海向内陆迅速减小的特点。疾风暴雨带来的洪水等地质灾害仍需关注。

进入9月，雷暴活动不及炎夏那般活跃，但华南、西南和华西地区雷暴活动仍较多。在华南，由于低纬度的暖湿气流还比较活跃，因而产生的雷暴比其他地方多；而西南和华西地区，由于处在副热带高压边缘，加之山地的作用，雷暴的活动也比较多。进入9月，我国大部开始进入少雨期，而华西地区秋雨偏多。它是我国西部地区秋季的一种特殊的天气现象。华西秋雨的范围，除渭水和汉水流域外，还包括四川、贵州大部、云南东部、湖南西部、湖北西部一带。秋雨出现早的年份，8月下旬就可以出现。最早出现日期有时可从8月下旬开始，最晚在11月下旬结束。但主要降雨时段出现在9、10两个月。“华西秋雨”的主要特点是雨日多，另一个特点是以绵绵细雨为主，所以雨日虽多，但雨量却不大，一般要比夏季少，强度也弱。

处暑时节，暑气退散，进入了落叶纷飞的秋季，但是炎热的温度依然存在。古代诗人对这样的情景也有许多的感慨，将其写在了诗中。元稹的吟咏二十四节气诗歌，一到秋天写得也就越发有诗意、越加精彩了。

咏廿四气诗·处暑七月中

［唐］元稹

向来鹰祭鸟，渐觉白藏深。
叶下空惊吹，天高不见心。
气收禾黍熟，风静草虫吟。
缓酌樽中酒，容调膝上琴。

一向处暑之日到来之时，老鹰就会开始祭鸟。渐渐觉得白露收藏，秋意渐浓。树叶下面空惊一阵秋风发出的声音，秋天高远看不见悲悯之心，万物肃杀。秋气收敛，农作物成熟，秋风安静，虫儿吟唱。慢慢浅酌杯中的美酒，从容调理膝盖上的琴弦。

处暑之后，秋意渐浓，老鹰开始大量捕获小鸟。与其说是祭祀，不如说由于秋季到处是成熟的庄稼，鸟儿们又多、又肥，老鹰捕获小鸟自然容易，吃也吃不完，就出现了“鹰祭鸟”的现象。然而，不经意间才发现，白露已经藏在很深的树叶草丛间，秋意开始变浓了。这些奇妙的变化都会对诗人内心产生复杂的情绪。一方面是时光的流逝，一方面是凉爽的秋天终于来了。

颔联写出了秋天的空寂与高远，同时也写出了诗人内心的空寂与对万物的悲悯之心。一叶知秋，所以诗人能站在叶子下面感受到阵阵秋风发出的声音。天空高远，所以诗人看不见老天的怜悯之心。

颈联，“禾”指的是黍、稷、稻、粱类农作物的总称，“登”即成熟的意思。这里指秋气一收，农作物即将成熟。“风静”是为了衬托“草虫吟”。秋风安静地吹过，带来了丝丝凉意，虫儿也轻快地吟唱起来，感受秋天的安静祥和。

尾联由万物的变化生出人生的许多感慨，让诗人感觉到时光易逝，生命苦短，不如饮一杯酒，弹一支曲子，消解心中的秋愁。

秋天本身就是一首诗歌。凡是涉及“秋”这个字眼的字词，仿佛都充满了诗意。秋天的肃杀本身带来了同情与悲悯，最容易触景生情，引起诗人内心的伤感，也最适合诗意的表达。“天高不见心”的情怀正是唐代大诗人元稹带给我们的一种悲悯情怀。

白露，是二十四节气中的第十五个节气，秋季第三个节气。斗指癸，太阳到达黄经165°，于公历9月7～9日交节。这个节气表示孟秋时节的结束和仲秋时节的开始，是反映自然界气温变化的重要节令。据《月令七十二候集解》对“白露”的诠释——“白露，八月节。秋属金，金色白，阴气渐重，露凝而白也。”

时至白露，夏季风逐渐为冬季风所代替，冷空气南下逐渐频繁，加上太阳直射点南移，北半球日照时间变短，日照强度减弱，夜间常晴朗少云，地面辐射散热快，因此温度下降也逐渐加速，有“白露秋分夜，一夜凉一夜。”一说。白露基本结束了暑天的闷热，天气渐渐转凉，寒生露凝。古人以四时配五行，秋属金，金色白，以白形容秋露，故名“白露”。

进入“白露”，最明显的感觉就是昼夜温差较大，夜间会感到一丝丝的凉意，虽然暑热可能不会一下子退场，但是闷热感会逐渐褪去，早晚添了一份秋天的凉意。从白露节气开始，按气候学划分四季的标准，各地陆续开始进入到秋天。这时，中国各地昼夜温差可达8℃～16℃，所以白露是一年中温差较大的节气。

“鸿雁来，玄鸟归。”白露之后，对气候最为敏感的候鸟集体迁徙。鸿雁开始从北方飞到南方，而南方的玄鸟也飞归北方，各类鸟儿都开始储食御冬。民谚有云：“白露秋风夜，雁南飞一行。”“立秋知了催人眠，处暑葵花笑开颜，白露燕归又来雁，秋分丹桂香满园。”因此，像大雁这样的候鸟被视为秋到的象征。

咏廿四气诗·白露八月节

［唐］元稹

露沾蔬草白，天气转青高。
叶下和秋吹，惊看两鬓毛。
养羞因野鸟，为客讶蓬蒿。
火急收田种，晨昏莫辞劳。

这是唐代大诗人元稹《咏廿四气诗》之白露节气的一首诗。白露，是一个令人感到秋高气爽的时节。此时，暑热已经完全散去，秋意渐浓。所谓“一阵秋雨一阵凉。”说的就是这个时候。这首诗的意思是露水沾湿了稀疏的秋草，颜色显得发白，白露时节的天空，渐渐转变得青色高远。在树叶之下，在秋风吹过，惊讶地发现双鬓已经斑白。野鸟开始养羞，储藏食物。作客他乡，讶异自己就像一个孤篷，漂泊不定。火急火燎抢收田野里成熟的庄稼，从早到晚不怕辛劳而推却。

白露，比其他季节更多了一份诗意。让人不经意想起《诗经》中的句子，“蒹葭苍苍，白露为霜。所谓伊人，在水一方。”又如曹操《短歌行》，“对酒当歌，人生几何！譬如朝露，去日苦多。”白露会让人产生出一份时光老去的感觉。对着镜子看两鬓的白发多了起来。秋风吹过，人们常常回想这一生过得值不值。元稹在白露惊秋时节，生发了时光老去，自己作客他乡，一事无成的感叹，却又在农民收获的庄稼地里，找到了生命的意义与归属感。

秋分，是二十四节气之第十六个节气，秋季第四个节气。斗指已，太阳到达黄经180°，于每年的公历9月22～24日交节。“秋分”与“春分”一样，都是古人最早确立的节气。我国汉代哲学家董仲舒《春秋繁露·阴阳出入上下篇》云：“秋分者，阴阳相伴也，故昼夜均而寒暑平。”“秋分”的意思有二：一是按我国古代以立春、立夏、立秋、立冬为四季开始划分四季，秋分日居于秋季90天之中，平分了秋季；二是此时一天24小时昼夜均分，各12小时。此日同“春分”日一样，秋分日，阳光几乎直射赤道，此日后，阳光直射位置南移，北半球昼短夜长。

按气候学上的标准，秋分时节，我国长江流域及其以北的广大地区，日平均气温都降到了22℃以下，为物候上的秋天了。此时，来自北方的冷空气团已经具有一定的势力。全国绝大部分地区雨季已经结束，凉风习习、碧空万里、风和日丽、秋高气爽、丹桂飘香、蟹肥菊黄等词语，都是对此时景象的描述。

咏廿四气诗·秋分八月中

［唐］元稹

琴弹南吕调，风色已高清。
云散飘飖影，雷收振怒声。
乾坤能静肃，寒暑喜均平。
忽见新来雁，人心敢不惊？

这是唐代大诗人元稹的一首秋分诗。古时有“春祭日，秋祭月”的民俗活动。秋分曾是传统的“祭月节”，后来专门设立了中秋节，秋分就不再祭月了。白露秋分夜，一夜凉一夜。秋分，喻示着秋天已经走过一半，正是风色高清、适合踏秋的节日。诗人元稹用抚琴的方式迎接秋分日的到来。

诗人拿出心爱的古琴，在秋风的陪伴下，演奏一曲南吕调。诗中的“南吕”，指的是阴历八月。中国古人以十二律配十二个月，南吕配在八月，所以也代指农历八月。天上的白云时聚时散，宛如一朵朵棉花，轻盈而洒脱地飘荡在天空。此时，雷声仿佛知道秋天的到来，声音沉闷低沉，不再发出震耳欲聋的声响。

秋分三候中写道：“一候雷始收声。”意思是说，秋分之后，便听不到雷声了。古人认为，只有在阳气较盛的时候才会打雷，而秋分之后阳气渐渐衰减，所以不会再有雷声。

秋分节气，没有春夏时节那般喧闹繁盛，天地变得愈发静谧肃穆，有些怕冷的植物已经衰败枯萎，小动物们也陆续营建自己的巢穴，准备过冬的食物，并用泥土将洞口封起来，以此预防寒气侵袭。

在二十四节气中，春分和秋分一样，寒气和暑热都很均衡。《春秋繁露·阴阳出入上下篇》中写道：“秋分者，阴阳相半也，故昼夜均而寒暑平。”我国先秦战国时期楚国文学家宋玉在《楚辞·九辩》中写道："皇天平分四时兮，窃独悲此廪秋。""平分秋色"这一成语也成为描写秋分最美的词汇。

这首诗的尾联描写了天空中由北向南飞去的大雁，令人们的心中亦感受到秋的惊扰。大雁南飞也意味着秋天已过半，更意味着人们对于时光的一种叹息之情。

寒露，是农历二十四节气中的第十七个节气，属于秋季的第五个节气。每年10月8日或9日，太阳到达黄经195°时为寒露。"寒露"的意思是此时期的气温比"白露"时更低，地面的露水更冷，快要凝结成霜了。《月令七十二候集解》："九月节，露气寒冷，将凝结也。"如果说"白露"节气标志着炎热向凉爽的过度，暑气尚不曾完全消尽，早晨可见露珠晶莹闪光。那么"寒露"节气则是天气转凉的象征，标志着天气由凉爽向寒冷过渡，露珠寒光四射，如俗语所说的那样"寒露寒露，遍地冷露。"

寒露节气始于10月上旬末，10月下旬结束。太阳的直射点在南半球并继续南移，北半球阳光照射的角度开始明显倾斜，地面所接收的太阳热量比夏季显著减少。冷空气的势力范围所造成的影响，有时可以扩展到华南。在广东一带流传着这样的谚语："寒露过三朝，过水要寻桥。"指的就是天气变凉了，可不能像以前那样赤脚蹚水过河或下田了。可见，寒露期间，人们可以明显感觉到季节的变化。对于寒露时节的一些讲究和说法，可以追溯到古代。古时候人们把寒露分为三个阶段：第一个阶段是，随着节气的变化，南来的大雁排成一字形或人字形列队向南迁移；第二个阶段是，各种鸟儿和雀儿都不见了，只有海边的蛤蜊形似雀儿鸟儿一样存留在沙滩上；第三个阶段是，各种各样的菊花相继开放。一般寒露过后，受气候变化的影响，雨季基本结束，只有云南、四川、贵州等少数地方尚能听到雷声，而东北和新疆等少数北方都已经飘雪花了。白天的气温还比较温暖，秋高气爽、晴空万里，一派深秋美丽宜人的景象，但夜晚的温度却特别寒冷。

气温降得快是寒露节气的一个特点。一场较强的冷空气带来的秋风、秋雨过后，温度下降8℃、10℃已较常见。受冷高压的控制，昼暖夜凉，白天往往秋高气爽。由于受到高压控制，大气层结稳定，在连日无风的情况下，聚集在城市中的汽车尾气和工厂排出的废气、粉尘不容易扩散，也会形成烟、霾天气，如果空气中湿度大还可形成雾、霾混合的天气。

寒露时节的秋色有着水墨画的意蕴，碧云天，黄叶地，北雁南飞，寒山转苍翠，千山万水，层林尽染，衰草连天。唐代大诗人元稹的这首寒露诗就以大气磅礴、悲壮雄浑的气势，描写了寒露时节景物的独特之美，给人以很高的艺术享受。

咏廿四气诗·寒露九月节

［唐］元稹

寒露惊秋晚，朝看菊渐黄。
千家风扫叶，万里雁随阳。
化蛤悲群鸟，收田畏早霜。
因知松柏志，冬夏色苍苍。

寒露来临，惊讶地发现时光已走到了晚秋，早晨看见菊花次第变黄。这句点明了写作时间，并写出寒露第三候：菊有黄华。千家万户前，风儿好像扫着落叶，晴空万里上，大雁好像随着太阳南飞。这里写了寒露第一候：鸿雁来宾。寒露时节，鸿雁在天空排成“人”字或“一”字，向南迁徙。化为牡蛎，替雀鸟感到悲伤；收割农田，害怕早到的寒霜。这一句是写三候之二候：雀入大水为蛤。因此知道，松柏的志气，无论是寒冬还是酷夏，它都是郁郁苍苍。

霜降，一般是在每年公历的10月23日。太阳到达黄经210°时，为二十四节气中的霜降。霜降是秋季的最后一个节气，是秋季到冬季的过渡节气。秋天晚上地面上散热很快，温度骤然下降到0℃以下，空气中的水蒸气在地面或植物上有的直接凝结形成细微的冰针，有的成为六角形的霜花，色白且结构疏松。

《月令七十二候集解》关于霜降说：“九月中，气肃而凝，露结为霜矣。”“霜降”表示天气逐渐变冷，露水凝结成霜。我国古代将霜降分为三候：“一候豺祭兽；二候草木黄落；三候蛰虫咸俯。”豺狼开始捕获猎物，祭兽，以兽而祭天报本也，方铺而祭秋金之义；大地上的树叶枯黄掉落；蛰虫也全在洞中不动不食，垂下头来进入冬眠状态中。

古籍《二十四节气解》中说：“气肃而霜降，阴始凝也。”可见，“霜降”表示天气逐渐变冷，开始降霜。气象学上，一般把秋季出现的第一次霜叫作“早霜”或“初霜”，而把春季出现的最后一次霜称为“晚霜”或“终霜”。从终霜到初霜的间隔时期，就是无霜期。也有把早霜叫“菊花霜”的，因为此时菊花盛开，北宋大文学家苏轼有诗曰："千林扫作一番黄，只有芙蓉独自芳。"

霜是水汽凝华成的，水汽怎样凝成霜呢？南宋诗人吕本中在《南歌子·驿路侵斜月》中写道："驿路侵斜月，溪桥度晓霜。"陆游在《霜月》中写有"枯草霜花白，寒窗月影新。"说明寒霜出现于秋天晴朗的月夜。秋晚没有云，地面上如同揭了被，散热很快，温度骤然下降到0℃以下，靠地面不多的水汽就会凝华在溪边、桥间、树叶和泥土上，有的形成细微的冰针，有的成为六角形的霜花。霜，只能在晴天形成，人说"浓霜猛太阳"就是这个道理。

"霜降水返壑，风落木归山。冉冉岁将宴，物皆复本源。"这是唐代诗人白居易在《岁晚》中写到的诗句，描写了霜降时节的河水渐渐返回深涧，黄叶飘落到地上，与泥土融为一体，万物都回归到本初的状态。

对古人而言，霜降时节的天气，秋意愈深、万物染霜，面对枯木落叶，很容易想到一些悲凉之事，如果是异乡的游子，思乡的感觉更是油然而生。唐代大诗人元稹的霜降节气诗就写出了这种惆怅之情。

咏廿四气诗·霜降九月中

［唐］元稹

风卷清云尽，空天万里霜。
野豺先祭月，仙菊遇重阳。
秋色悲疏木，鸿鸣忆故乡。
谁知一樽酒，能使百秋亡。

清风卷起清云而去，空天万里披上了早霜。风卷清云，是说霜降节气的一个特点。不但云清，连风也清。春秋战国时期左秋明的《国语》里说："（霜降）火见而清风戒寒。"三国吴韦昭也说："霜降之后，清风先至，所以戒人为寒备也。"天地之所以澄明，除了风卷清云，还有一个很重要的原因，即小动物们都躲起来了，植物们也褪去碧绿的外衣，准备过冬。

野外的豺狼陈列猎物，仿佛在祭拜月亮；仙子般纯洁的菊花恰好遇到了重阳佳节。野豺祭月，说的是霜降三候中第一候——豺祭兽。豺狼将捕获的猎物，先陈列后再食用，古人以为是野豺在祭月。仙菊，即菊花。古有"霜打菊花开"之说，所以重阳节就出现了"登高山，赏菊花"的雅事。"霜降之时，唯此草盛茂”，因此菊花被古人视为“候时之草”，成为生命力的象征。秋天的景色，稀疏的草木，令人悲伤；鸿雁的鸣叫，遥远的故乡，令人追忆。谁会知道，一杯酒就能使得百秋的惆怅去除殆尽呢！可见，满目的秋色令大诗人元稹不禁产生悲伤的情绪。

立冬，是二十四节气中的第十九个节气，也是冬季六节气之首。公历每年的11月7日或8日，太阳运行到黄经225°时为立冬节气。立冬，意味着生气开始闭蓄，万物进入休养、收藏状态。其气候也由秋季少雨干燥向阴雨寒冻的冬季气候转变。中国古人将立冬分为三候：水始冰、地始冻、雉入大水为蜃。

对“立冬”的理解，我们还不能仅仅停留在冬天开始的意思上。追根溯源，古人对“立”的理解与现代人一样，是建立、开始的意思，但“冬”字就不那么简单了。在《月令七十二候集解》中对“冬”的解释是：“冬，终也，万物收藏也。”意思是说秋季作物全部收晒完毕，收藏入库，动物也已藏起来准备冬眠。看来，立冬不仅仅代表着冬天的来临。完整地说，立冬是表示冬季开始，万物收藏，规避寒冷的意思。

立冬时节，太阳已到达黄经225°，我们所处的北半球获得太阳的辐射量越来越少，但由于此时地表在夏半年贮存的热量还有一定的能量，所以一般还不会太冷，即便如此，气温还会逐渐下降。在晴朗无风之时，常会出现风和日丽、温暖舒适的十月“小阳春”天气。

随着冷空气的加强，气温下降的趋势加快。北方的降温，人们习以为常，好在从10月下旬开始，先后供暖，人们还有一个避寒之地。而对于此时处在深秋“小阳春”的长江中下游地区的人们，平均气温一般为12℃至15℃。绵雨已结束，如果遇到强冷空气迅速南下，不到一天时间，降温就可接近8~10℃，甚至更多。但大风过后，阳光照耀，冷气团很快变性，气温回升较快。气温的回升与热量的积聚，促使下一轮冷空气带来更强的降温。此时，令人惬意的深秋天气接近尾声，明显的降温使这一地区在进入初霜期的同时，也进入了红叶的最佳观赏期，并在11月底陆续入冬。

作为早已入冬的西北、华北、东北等地，此时的大风、降温可以说是习以为常。在华北中南部到黄淮等地，立冬期间的冷空气，大风不是把这一带山区红叶一扫而光，就是把城里的树也吹成光杆，让人们有一种一下子进入冬天的感觉。若遇到势力强、速度快的冷空气，它一路狂奔，使北方山口地区和南方的江河湖面风力加大，大风一直吹到东南沿海和台湾海峡。

我国幅员辽阔，南北纵跨数十个纬度，因而存在南北温差。但立冬之后南北温差更加拉大。11月，我国的青藏高原大部、内蒙古和黑龙江的北部地区，平均温度已达-10℃左右。最北部的漠河和海南省的海口，两者的温差可达30℃～50℃之多。北方的许多地方已是风干物燥、万物凋零、寒气逼人；而华南仍是青山绿水、鸟语花香、温暖宜人。

咏廿四气诗·立冬十月节

［唐］元稹

霜降向人寒，轻冰渌水漫。
蟾将纤影出，雁带几行残。
田种收藏了，衣裘制造看。
野鸡投水日，化蜃不将难。

这是唐代诗人元稹的一首立冬诗。在立冬这一天，诗人真切感受到了阵阵寒意，通过天地万物的变化，将立冬的气候特征生动地呈现出来。

霜降时节寒风瑟瑟吹向人们，薄冰之上，清澈的水漫过。这是说立冬三候之第一候，即“水始冰”。一个“寒”字，点出了立冬天气变冷的情况。此时，正式告别三秋，告别霜降，向寒冷的冬天迈进。

月亮的瘦影出现了，大雁带着残留的几行身影排成行往南赶。这写出了立冬月亮因为冷，仿佛变瘦一般，显得非常纤细美丽。大雁因为大多南归，只有少数的还没有南归，正加紧排成行往南赶。

庄稼收集储藏完毕，皮裘加工制作后非常耐看。这写出立冬时节，人们忙着收获果实，置办入冬的衣裳。此时，之所以要忙着收集储藏庄稼，正是因为天寒地冻。

野鸡们纷纷钻进水林中不见了，仿佛一下子都化为了“大蛤”。这说的是立冬三候之一“雉入大水为蜃”。此时，野鸡一类的大鸟便不多见了，而海边却可以看到外壳与野鸡的线条及颜色相似的大蛤。所以，古人认为雉鸡一到立冬后就会变成“大蛤”。

小雪，是二十四节气中的第二十个节气，冬季第二个节气，时间在每年公历11月22或23日，即太阳到达黄经240°时。古人之所以将这个节气命名为

“小雪”，是因为“雪”是水汽遇冷的产物，代表寒冷与降水。这个节气期间的气候寒未深且降水未大，故名“小雪”。

元代吴澄的著作《月令七十二候集解》说：“十月中，雨下而为寒气所薄，故凝而为雪。小者未盛之辞。”汉代无名氏所著《孝经纬》说：“（立冬）后十五日，斗指亥，为小雪。天地积阴，温则为雨，寒则为雪。时言小者，寒未深而雪未大也。”古籍《群芳谱》中说：“小雪气寒而将雪矣，地寒未甚而雪未大也。”实际上，全年下雪量最大的节气不是在小雪、大雪节气。小雪是反映气候特征的节气，节气中的“小雪”与天气的小雪无必然联系。小雪节气中说的“小雪”与日常天气预报所说的小雪意义不同，小雪节气是一个气候概念，它代表的是“小雪”节气期间的气候特征，而天气预报中的“小雪”则是指降雪强度较小的雪。

气候要素包括降水、气温、光照等，其中降水是气候的一个重要因素。气象上将雨、雪、雹等从天空下降到地面的水汽凝结物都称为“降水”。小雪节气与大雪节气都是反映气温与降水变化趋势的节气，它是古代农耕文化对于节令的反映。小雪是寒潮和强冷空气活动频数较高的节气，小雪节气的到来意味着天气会越来越冷，降水量渐增。小雪节气，东亚地区已建立起比较稳定的经向环流，西伯利亚地区常有低压或低压槽，东移时会有大规模的冷空气南下，我国东南部会出现大范围大风降温天气。小雪节气的三候：“一候虹藏不见；二候天气上升地气下降；三候闭塞而成冬。”

谚语民谣：“小雪封地，大雪封河。”小雪节气的到来，标志着屋外天寒地冻，萧瑟的风雨好似要穿透纸窗一般。

许多文人喜欢在小雪天吟诗，并不是偶然的。此时正是“篱菊尽来”“塞鸿飞去”的季节更替之时，因农作物已收获，大部分的时光是比较清闲寂寥的，因而闲情也成为小雪天文人独抒胸怀的契机。

咏廿四气诗·小雪十月中

［唐］元稹

莫怪虹无影，如今小雪时。
阴阳依上下，寒暑喜分离。
满月光天汉，长风响树枝。

横琴对渌醑，犹自敛愁眉。

已是小雪时节，彩虹消失得无影无踪。天空中阳气上升，地中阴气下降，天地闭塞转入寒冬，寒气和暑热总是喜欢分离。月光清冷洒满天际，北风呼啸吹响树枝。如此天气使人情绪低落，美酒瑶琴都不能减轻一丝一毫的愁绪。

“虹无影”说的就是一候的情形——虹藏不见。“阴阳依上下”说的是二候的情形——天空中的阳气上升，地中的阴气下降，导致天地不通，阴阳不交，所以万物失去生机，天地闭塞而转入严寒的冬天。颈联写的是小雪节气这一天的情形。此时正近月圆、天空高远、月色清寒，稀疏的树林间不时有凉风吹过，仿佛在提醒人们冬季即将到来，该注意御寒保暖了。尾联上句点出诗人在小雪天能做的事情——抚琴、饮酒。面对美酒瑶琴，诗人应该高兴才对，可是，最后一句为什么诗人情绪如此低落，以至于敛愁眉呢？那是因为在这样的小雪天，一个人独饮是孤独寂寞的，若是有一知己，能听他抚琴，与之对饮，就能使得小雪天的忧愁驱散。

大雪，是二十四节气中的第二十一个节气，时间是公历每年的12月7日或8日，也是干支历亥月的结束以及子月的起始，太阳到达黄经255°。大雪，顾名思义，雪量大。古人云：“大者，盛也，至此而雪盛也。”到了这个时段，雪往往下得大、范围也广，故名“大雪”。

这时我国大部分地区的最低温度都降到了0℃或以下。大雪往往在强冷空气前沿，冷暖空气交锋的地区，会降大雪，甚至暴雪。可见，大雪节气是表示这一时期，降大雪的起始时间和雪量程度，它和“小雪”“雨水”“谷雨”等节气一样，都是直接反映降水的节气。

我国古代将大雪分为三候：“一候鹖鴠不鸣；二候虎始交；三候荔挺出。”这是说此时因天气寒冷，寒号鸟也不再鸣叫了；由于此时是阴气最盛时期，正所谓盛极而衰，阳气已有所萌动，所以老虎开始有求偶行为；“荔挺”为兰草的一种，也感到阳气的萌动而抽出新芽。

大雪时节，除华南和云南南部无冬区外，我国辽阔的大地已披上冬日盛装，东北、西北地区平均气温已达-10℃以下，黄河流域和华北地区气温也稳定在0℃以下，此时，黄河流域一带已渐有积雪，而在更北的地方则已是“千里冰封，万里雪飘。”的北国风光。但在南方，特别是广州及珠三角一带，却依然草木葱茏，干燥的感觉还很明显，与北方的气候相差很大。南方地区冬季气候温和而少雨雪，平均气温较长江中下游地区约高2℃至4℃，雨量仅占全年的5%左右。偶有降雪，大多出现在1、2月份。

咏廿四气诗·大雪十一月节

［唐］元稹

积阴成大雪，看处乱霏霏。
玉管鸣寒夜，披书晓绛帷。
黄钟随气改，鴳鸟不鸣时。
何限苍生类，依依惜暮晖。

这是唐代诗人元稹所写的一首关于大雪节气的诗歌，描写了大雪节气里的寒冬场景。到了大雪节气，阴气不断积聚，也因为这样的原因，随之会大雪纷飞，以致漫天遍野、银装素裹，到处白茫茫一片，似乎整个世界都一下子安宁了下来，显得那么的纯净。每当这时候，到了夜晚，有人吹奏乐器，有人开卷读书，似乎要在遥遥寒夜里，努力驱散那阴冷寒凝之气，不知不觉也就到了拂晓。还是这个时候，与冬至相应的“黄钟”这支律管，因为冬至的即将到来，马上就要发出声音来。然而也就在此时此刻，一向活泼的“鴳鸟”却不知为啥不再鸣叫了。你知道吗？大雪时节的冬日时刻，真的就好比一天中的暮色一般，似乎让我们在白雪皑皑中，望见了深深的严寒和冰冷，实在无法让人不去珍惜。

冬至，又称“冬节”“贺冬”，华夏二十四节气之一，八大天象类节气之一，与夏至相对。冬至在太阳到达黄经270°时开始，时于每年公历12月22日左右。冬至这天，太阳直射地面的位置到达一年的最南端，几乎直射南回归线（南纬23°26′）。这一天北半球得到的阳光最少，比南半球少了50%。北半球的白昼达到最短，且越往北白昼越短。

在中国北方有冬至吃饺子的风俗。俗话说：“冬至到，吃水饺。”每年农历冬至这天，不论贫富，饺子是必不可少的节日饭。这种习俗是因纪念“医圣”张仲景冬至舍药流传下来的。

有些地方冬至习惯叫作数九，九九消寒歌：“一九、二九不出手；三九、四九冰上走；五九、六九，沿河看柳；七九河开，八九雁来；九九加一九，耕牛遍地走。”

《月令七十二候集解》中记载："十一月中，终藏之气至此而极也。"这是说冬至这一天，聚藏的阴寒之气将开始削弱，阳气开始回升。

咏廿四气诗·冬至十一月中

［唐］元稹

二气俱生处，周家正立年。
岁星瞻北极，舜日照南天。
拜庆朝金殿，欢娱列绮筵。
万邦歌有道，谁敢动征边。

这里的"二气"指的是天地日月阴阳之气。冬至这天，是北半球夜晚最长、白天最短的日子，但是也正是这天，太阳从南半球跨过冬至节点回归，阴阳相生相缠，在这个节点表现得特别有意义。所以，冬至节又叫作二气节，此刻阴至盛而阳随之起，二气并存。

"周家正立年"实际说了冬至的来历。在周朝的时候，冬至是一年的开始，相当于唐朝的新年，这是点出了冬至节在中国历史中的重要地位，是一个不能忽略的吉利日子。天地阳生万物更新，曾经的周朝是以冬至为新年的。这也是让人民不忘自己的文化历史，了解冬至节的重要意义。

"岁星瞻北极，舜日照南天。"古代的这个岁星是指木星，是天文历法的一个坐标，用以纪年。当木星在北极的上空，正是冬至节太阳照在最南边的时候。古人崇拜自然天象，冬至节有如此特殊的天象，自然是和平常的日子不同。这也是历代皇朝用以统治人民精神和心理的基础，皇帝是天之子，是日神的化身，代表天地来统治人民。冬至这天的太阳对于帝王和普通民众就格外有意义。所以帝王要进行祭天大典，率领百官去祭祀天地日神。而这天的太阳也格外有些帝王气，所以叫舜日，一是指太阳光的华丽，二是舜曾经是上古有德望的帝王。

"拜庆朝金殿，欢娱列绮筵。"在这一天，普通人只感到热闹，文臣武官都在这大冷天里上朝是为什么呢?

元稹在这首诗里写了不可动摇的帝王权威。在这一天，所有的官员都会朝拜皇帝，歌舞升平。这是因为唐朝虽然过年和冬至分开，但是冬至其实是一个重要的象征皇权和国家的日子，就是要让百姓知道冬至节的典礼为什么如此浩大。

“万邦歌有道，谁敢动征边。”在这一天，万国来朝，臣服于天子脚下。中华帝王有天授神权，哪个国家还敢轻易挑起边事？

元稹这首节气诗没有其他的物候描写，着重强调的是冬至节的历史和政治意义。强化了唐朝人对自我文明的认同感，而且是以冬至的太阳和王朝联系，强大的拥有几千年文明的帝国是人们祥和生活的保障。

小寒，是二十四节气中的第二十三个节气，是干支历子月的结束以及丑月的起始，时间是在公历1月5～7日之间，太阳位于黄经285°。对于中国而言，这时正值“三九”前后，小寒标志着开始进入一年中最寒冷的日子。《月令七十二候集解》：“十二月节，月初寒尚小，故云，月半则大矣。”小寒的意思是天气已经很冷，中国大部分地区小寒和大寒期间一般都是最冷的时期，“小寒”一过，就进入“出门冰上走”的三九天了。

中国古代将小寒分为三候：“一候雁北乡，二候鹊始巢，三候雉始雊。”古人认为候鸟中大雁是顺阴阳而迁移，此时阳气已动，所以大雁开始向北迁移；此时北方到处可见到喜鹊，并且感觉到阳气而开始筑巢；第三候“雉雊”的“雊”为鸣叫的意思，雉在接近四九时会感到阳气的生长而鸣叫。

咏廿四气诗·小寒十二月节

［唐］元稹

小寒连大吕，欢鹊垒新巢。
拾食寻河曲，衔柴绕树梢。
霜鹰近北首，雊雉隐丛茅。
莫怪严凝切，春冬正月交。

元稹这首诗将小寒特点写到了极致。诗意是到了小寒这个节气，就好像古代“音律”之首——“大吕”奏响一般，这时候的喜鹊也感知到春天不远了，开始动身要筑新巢了，它们觅食总喜欢去河道弯弯的地方，因为那里方便它们口衔树枝和湿泥，进而围绕树梢来筑巢。

大雁开始有了北归的苗头，野鸡藏匿在茅草丛里鸣叫。不要抱怨天气仍然寒冷严峻，因为春冬交替马上就要在正月进行。

鸟儿是小寒来临的先知。一到小寒时节，天气就极冷了，鸟儿们忙碌起来，准备过冬。尽管“冬至”以后，阴律随寒改，阳和应节生。但小寒阴气聚集，一时难散，故有“冷在三九”“出门冰上走”之说。

民间有俗语“小寒胜大寒”是说大寒时，阳气回升，反而没有小寒冷。也就是说，二十四节气中，小寒是最冷的。在这样寒冷的季节，万物寂寂，水冰地坼，仿佛一切都已睡去。可是，你只要经过一片树林就会发现，大地的生灵并没有完全遁隐。在铺满了一层层的落叶之上，总有一两只小鸟蹦蹦跳跳，努力寻找着过冬的食物。

大寒，是二十四节气中最后一个节气，每年1月20日前后太阳到达黄经300°时为“大寒”。大寒是天气寒冷到极点的意思。我国清朝鄂尔泰、张廷玉等编的农书《授时通考·天时》引《三礼义宗》:“大寒为中者，上形于小寒，故谓之大……寒气之逆极，故谓大寒。”这时寒潮南下频繁，是我国大部地区一年中的寒冷时期，大风、低温、地面积雪不化，呈现出冰天雪地、天寒地冻的严寒景象。诗云“蜡树银山炫皎光，朔风独啸静三江。老农犹喜高天雪，况有来年麦果香。”大寒是我国二十四节气中的最后一个，过了大寒又立春，即迎来新一年的节气轮回。

中国古代将大寒分为三候：“一候鸡乳育也；二候征鸟厉疾；三候水泽腹坚。”就是说到大寒节气便可以孵小鸡了。鹰隼之类的征鸟正处于捕食能力极强的状态中，盘旋于空中到处寻找食物，以补充身体的能量抵御严寒。在一年的最后五天内，水域中的冰一直冻到水中央，且最结实、最厚，孩童们可以尽情在河上溜冰（日平均气温连续多日出现-5℃以下天气方可进行，这种活动一般出现在黄河以北地区）。

在这样寒冷的季节，诗人元稹认为，最惬意的事情莫过于呼朋唤友、共聚一室、温腊月酒、围炉取暖、叙谈欢言。

咏廿四气诗·大寒十二月中

［唐］元稹

腊酒自盈樽，金炉兽炭温。
大寒宜近火，无事莫开门。
冬与春交替，星周月讵存。

明朝换新律，梅柳待阳春。

由诗中前两句可见大寒时节冷的程度，这一段时间离不开炭火和温酒来保暖。“腊酒”即腊月酿造的酒，腊月初刚刚酿的酒就迫不及待打开斟满酒杯，是因为贪杯还是因为酒香？都不是，是因为寒冷。拿出酒器，围坐在雕刻着瑞兽的火炉旁边，炉内燃烧未尽的炭，温度刚刚好，既可以取暖，又可以温酒。赏雪、饮酒，古人度过大寒的方法都充满诗情画意，读来就让人不自觉想到大雪封路、院落取暖的画面。

不过，大寒虽冷，却也冷不了多久，因为这段时间地下聚集的阳气开始回升，经小寒至大寒后十几天内，阳气便会像小草一样破土而出，驱逐阴霾的寒冬，大地回春指日可待。因此，元稹的《咏廿四气诗·大寒十二月中》后两句这样说：“冬与春交替，星周月讵存。明朝换新律，梅柳待阳春。”意思是冬春交替，岁月更迭，演奏一冬的曲调终于可以换上歌咏春天的轻快乐曲了。整首诗契合大寒三候特征，将大寒的严寒和大寒过后即将到来的春天刻画得恰如其分。

第八章　季节性气候

我国根据气候和平均温度划分四季，平均气温低于10℃的时期为冬季，高于22℃的时期为夏季，10～22℃期间分别为春、秋季。阴历七至九月从立秋到立冬，阳历为9至11月，天文为秋分到冬至这一段时间。在中国秋季从立秋开始，经过初秋、中秋和深秋，到立冬结束。气象工作者研究的物候学标准是：炎热过后，五天平均气温稳定在22℃以下时就算进入了秋季，低于10℃时秋季结束。

一、春季

等闲识得东风面，万紫千红总是春。

春日

［宋］朱熹

胜日寻芳泗水滨，无边光景一时新。
等闲识得东风面，万紫千红总是春。

《春日》写出了百花争艳、万物生机萌发的春天面貌。春光明媚的日子，来到泗水之滨欣赏美好的风景，无边无际的风光景物焕然一新。轻易便可以看出春天的面貌，百花争奇斗艳、万紫千红，到处都是春天的景致。春季，气象学上以连续5天平均气温在10℃以上为春季的开始，它是四季中的第一个季节，也是一年中最美好的季节，它象征着万物更新、生机勃勃，历来为文人墨客所称赞。如果用一句话来概括春天，朱熹在诗中对春天的描写恰到好处。仿佛一夜东风吹开了万紫千红的鲜花，而百花争艳的景象不正是生机勃勃的春光吗？

天街小雨润如酥，草色遥看近却无。

春季，由于太阳直射地球的位置逐渐北移，地面气温回升。同时，南方暖空气逐渐向北推移，这种暖湿空气只要有机会抬升，就会兴云致雨。在长江流域和华南地区，由于经常吹偏东风，空气来自海上，水汽含量丰富，云雨显著增加。冷暖空气相遇停留在某地就会带来降水天气。春雨淅沥正是万物复苏的源泉。初春是一年当中最美的时节，早春二月，在北方，当树梢上、屋檐下还挂着冰凌儿的时候，春天连影儿也看不见，但若是下过一番小雨之后，第二天，春天就来了。雨脚儿轻轻地走过大地，留下了春的印记，那就是最初的春草芽儿冒出来了，远远望去，朦朦胧胧，仿佛有一片极淡极淡的青青之色，这是早春的草色。看着它，人们心里顿时充满欣欣然的春意。可是当人们带着无限喜悦之情走近去看个仔细，地上是疏疏朗朗的极为纤细的芽，却反而看不清什么颜色了。唐代文学家韩愈在诗中写道“天街小雨润如酥，草色遥看近却无。最是一年春好处，绝胜烟柳满皇都。”将初春充满生机的美景描写得淋漓尽致。常见的“小雨”和“草色”描绘出了早春独特的景色。刻画细腻，造句优美，给人一种早春时节湿润、舒适和清新的美感，既咏早春，又能摄早春之魂，给人以无穷的美感和趣味。与杜甫的“好雨知时节，当春乃发生。随风潜入夜，润物细无声。”有异曲同工之妙。也正如现代散文家朱自清的《春》中描述的那样，小草偷偷地从土里钻出来，嫩嫩的，绿绿的。从盼望春天，到描写春天，再到赞颂春天，描写、讴歌了一个蓬勃的春天。

早春呈水部张十八员外

［唐］韩愈

天街小雨润如酥，草色遥看近却无。
最是一年春好处，绝胜烟柳满皇都。

这首诗作于唐穆宗长庆三年（823年）早春。当时韩愈已经56岁，任吏部侍郎。虽然时间不长，但此时心情很好。此前不久，镇州（今河北正定）藩镇叛乱，韩愈奉命前往宣抚，说服叛军，平息了一场叛乱。穆宗非常高兴，把他从兵部侍郎任上调为吏部侍郎。虽然年近花甲，却不因岁月如流徙悲伤，而是兴味盎然地迎接春天。

春日春风有时好，春日春风有时恶。

春天里春风有时温柔，有时强势，变化比较快。形象地描述了天气忽冷忽热、忽阴忽晴，变化快的特点。

春风

［宋］王安石

春日春风有时好，春日春风有时恶。
不得春风花不开，花开又被风吹落。

宋代王安石的这首《春风》诗把早春的气候和物候特点描绘得惟妙惟肖。

在春季，冬季季风逐渐减弱，夏季季风逐渐增强，以致夏季季风代替冬季季风控制我国大陆。但夏季季风和冬季季风有时强时弱、时进时退的变化，风、气温、气压等气象要素变化无常，这使得春季成为我国天气最复杂的季节。春季天气变化多端，或风和日丽、春光明媚，让人有一种“暖风熏得游人醉”的感觉；或阴雨连绵、冷风阵阵，让人倍觉“春寒料峭”，就好像小孩子一样，“哭笑”无常。用谚语“春天孩儿面，一天脸三变”来形容这个季节再恰当不过了。那么，为什么春天孩儿面呢？

这是因为大气环流形势发生改变。春季，影响我国的高空西风环流变得比较平直，天气系统强度减弱，移动性十分明显，冷空气就像来去匆匆的过客，与暖空气交汇，共同上演着一场场阴晴雨雪的天气短剧。

冷暖空气势均力敌。春季来自海洋的暖湿气流日趋活跃，而此时的冷空气也不甘心退出天气的舞台，二者频繁出动，互有进退，上演着一幕幕春雷、雨雪的天气过程。而一旦雨过天晴，气温又会很快回升。

太阳辐射开始加强。进入3月后，太阳的直射点由赤道以南逐渐向北移至北半球，此时的阳光比冬季的要强一些，但还不那么强烈，让人感觉早晚仍有寒气，中午前后，气温回升明显。

当冷空气占优势时，春风便是冷风，气温突然下降，甚至会伴有降水天气，这就是诗中说的“春日春风有时恶”的天气。

春季是盛行风由冬季风转为夏季风的过渡时期。从气候上讲，春风为春天带来了什么？

春风又绿江南岸——全国各地不同春

以气候划分法为标准，我国东西南北、五湖四海并非同时被春风吹“绿”。从多年的入春平均时间来看，北纬26°的贵阳3月10日入春，北纬32°的南京3月27日春到，而北纬4°的北京到4月3日才赶上春天的脚步。可见，虽然人们常常感到“寒随一夜去，春逐五更来。”但实际上春季北上是有一定速度的。既然有速度，那么“全国各地不同春”便是再正常不过了。

五原春色归来迟，二月垂杨未挂丝。

五原的春天总是姗姗来迟，二月之间，垂杨尚未发芽。黄河岸边如今开始冰雪消融，长安城里，却正是落花时节。

边词

［唐］张敬忠

五原春色归来迟，二月垂杨未挂丝。
即今河畔冰开日，正是长安花落时。

五原地处塞漠，气候严寒、风物荒凉，春色姗姗来迟。仲春二月，内地已经是桃红柳绿，春光烂漫，这里却连垂杨都尚未吐叶挂丝。通过五原与长安不同景物的对照，突出强调北边的春迟。其实古代的人们也发现了南北春季的到来有早有迟。按照气候划分法，“春风又绿江南岸”的时间大体上是在阳历3月份。“五原春色归来迟，二月垂杨未挂丝。”描述的是地处北纬40°附近内蒙古自治区巴彦淖尔市五原县，由于位置偏北纬度较高，在阳历二月仍然不曾见到绿意盎然的“春色”。

不知细叶谁裁出，二月春风似剪刀。

“春风拂面精神爽”这是人们对欣欣向荣的春天的赞美。初春时节，气温回升快，昼夜温差大，加之冷空气偶尔南下“骚扰”，大气的水平气压梯度力增大，往往使得初春的风力也增大。特别是我国北方地区，春季的特点之一就是南北大风交替出现，风力较大。

咏柳

［唐］贺知章

碧玉妆成一树高，万条垂下绿丝绦。
不知细叶谁裁出，二月春风似剪刀。

与西风不同，春风往往是从海洋上吹来的，这意味着空气更暖、更湿。春风带来的暖湿气流解冻了江河水，同时也带来了淅淅沥沥的春雨，滋养着大地的万物生长。

春季是冬季与夏季的过渡季节，我国冬冷夏热，冬季是世界同纬度最冷的国家之一，夏季又是同纬度较热的国家，因此春天往往来去匆匆。唐代诗人贺知章的这首《咏柳》是在长安（现在的西安）附近写的，这里的气候属于温带季风气候，北方春季升温十分迅速，柳枝前两天才膨芽显丝，再过两三天就长出了细叶。正因为柳叶生长如此迅速，诗人才会用“剪刀”这种快速的动作来形容春风。

斜风细雨作春寒，对尊前，忆前欢。

初春细细微微的小风夹杂着小雨还有一点寒意，不经意间描述了“倒春寒”的天气特征。

江城子·赏春

［宋］朱淑真

斜风细雨作春寒，对尊前，忆前欢。
曾把梨花，寂寞泪阑干。
芳草断烟南浦路，和别泪，看青山。

昨宵结得梦夤缘，水云间，悄无言。
争奈醒来，愁恨又依然。
展转衾裯空懊恼，天易见，见伊难。

春天乍暖还寒，是气温变化幅度最大、冷暖最不稳定且多风的季节。春季期间，常有从西北地区而来的间歇性冷空气侵袭，南风敌不过北风，气温起伏较大。在气象学中，“倒春寒”源于农业，主要指进入春天平均气温超过10℃以后，由于受较冷空气频繁袭击，气温下降较快，持续时间长达一到两个星期以上的前暖后冷，并造成大范围地区农作物受冻害的天气过程。发生“倒春寒”时，如果冷空气较强，可使气温猛降10℃以下，甚至引发持续时间长达10天至半月的雨雪天气。“倒春寒”天气中可能产生农作物冻害，并可能引发流感、气管炎等疾病。唐代诗人徐凝在《春寒》一诗中描写了一次倒春寒天气过程，试想，和煦的春风已让柳条初露了新绿，却被一场寒风冷雪破坏了，诗中的这次倒春寒也寒透了春天的新衣。

春寒

［唐］徐凝

乱雪从教舞，回风任听吹。
春寒能作底，已被柳条欺。

二、夏季

纷纷红紫已成尘，布谷声中夏令新。

初夏绝句

［宋］陆游

纷纷红紫已成尘，布谷声中夏令新。
夹路桑麻行不尽，始知身是太平人。

初夏时节，春天那些万紫千红的花朵已经凋谢，飘落到地上，成了泥土中的一部分。布谷鸟的叫声好像在告诉人们一个新的夏天已经到来了。

江南仲夏天，时雨下如川。

状江南·仲夏

［唐］樊珣

江南仲夏天，时雨下如川。
卢橘垂金弹，甘蔗吐白莲。

通常长江下游以南地区称为江南，仲为当中、中间的含义，仲夏天即为夏季的中间时段期间的天气，这一时期的江南正是梅雨季节；后句的“时”乘前句的仲夏，意指仲夏期间，川含义为川流不息。全句意思是江南地区仲夏期间的天气，这时的雨水就像河流一样川流不息。

在我国的一些地区，一年中某一个特定的时期总是出现某种天气特征，就成为一种地方性的气候。最熟知的例子就是长江中下游地区的梅雨了。

梅雨的出现与太平洋西部的副热带高压（简称西太平洋高压或副高）关系紧密，副热带高压四季存在，但夏季最强，冬季最弱，它属于一个稳定少动的暖性深厚系统。西太平洋高压不同的部位，天气表现不同。在中心和脊线附近，下沉气流强盛，多晴朗少云天气。在脊的北侧，因与西风带接壤，气旋和锋面活动频繁，多阴雨天气。在它的南侧为东风气流，一般天气晴好，但若有东风波（也是一种低压槽）、热带气旋等热带天气系统活动时，就会出现云雨、雷暴等恶劣天气。

西太平洋副高的活动，与我国大陆主要降水带的季节位移是一致的，雨带一般位于脊线以北5～8个纬距处。如在6月中下旬，脊线位于20～25°N时，雨带正好位于长江中、下游一带，造成该地区的梅雨天气。

约客

[宋] 赵师秀

黄梅时节家家雨，青草池塘处处蛙。
有约不来过夜半，闲敲棋子落灯花。

夏天的某一个夜晚，约客久等不至，窗外是连绵的细雨，青蛙聒噪声不时从青草池塘传出来，作者在百无聊赖中，唯有“闲敲棋子落灯花”。“家家雨”极言梅雨时节雨水之多。

梅雨季节是一种自然气候现象，是长江中下游地区所特有的，在每年6、7月份的东南季风带来的太平洋暖湿气流，经过中国长江中下游地区、台湾地区等地出现的持续天阴降雨的气候现象。所以，在长江中下游流传着这样的谚语“雨打黄梅头，四十五日无日头”。持续连绵的阴雨、温高湿大是梅雨的主要特征，由于正是江南梅子的成熟期，故称其为“梅雨”，此时段便被称为梅雨季节。梅雨季里空气湿度大、气温高、衣物容易发霉，所以也有人把梅雨称为“霉雨”。

梅雨天气的出现不是一种孤立现象，是和大范围的雨带南北位移息息相关的，梅雨天气就是因为雨带停滞在这一地段所致。这条雨带又是怎样产生的呢?每年从春季开始，暖湿空气势力逐渐加强，从海上进入大陆以后，就与从北方南下的冷空气相遇，由于从海洋上源源而来的暖湿空气含有大量水汽，形成了一条长条形的雨带。如果冷空气势力比较强，雨带就向南压；如果暖空气势力比较强，雨带则向北抬。但初夏时期在长江中下游地区，冷暖空气旗鼓相当，这两股不同的势力就在这个地区对峙、胶着，展开一场较为持久的“拉锯战”，因而就形成了一条稳定的降雨带，造成了这种绵绵的阴雨天气，横贯在长江中下游地区。这就是江南地区初夏季节梅雨形成的原因。

一般而言呢，我国长江中下游地区的梅雨约在6月中旬开始，7月中旬结束，也就是出现在“芒种”和“夏至”两个节气内，长约20～30天。“小暑”前后起，主要降雨带就北移到黄、淮流域，进而移到华北一带。长江流域由阴雨绵绵、高温高湿的天气开始转为晴朗炎热的盛夏。但天有不测风云，老天爷并不是总按规律出牌的，如果冬、夏季风强弱和进退时间不正常，梅雨季节就有时早有时迟，有时长有时短，甚至个别年份还会出现“空梅”。在梅雨季节，能够遇上几天晴好天气，就像久旱逢甘霖一样，心情都是轻快舒畅的。

三衢道中

［宋］曾几

梅子黄时日日晴，小溪泛尽却山行。
绿阴不减来时路，添得黄鹂四五声。

“三衢”即“三衢山”，在今浙江省衢州。赵师秀《约客》时在杭州。衢州与杭州同属浙江，纬度相近，为什么一个“家家雨”，一个“日日晴”呢？正是因为梅雨不单有正常梅雨，还有早梅雨、迟梅雨、特长梅雨、短梅雨，个别年份还会出现“空梅”。梅雨时节“日日晴”，使人心情舒畅，于是“小溪泛尽却山行”，潇洒走一回了。

与梅雨有关的诗词还很多，如：

梅雨

［唐］杜甫

南京犀浦道，四月熟黄梅。
湛湛长江去，冥冥细雨来。
茅茨疏易湿，云雾密难开。
竟日蛟龙喜，盘涡与岸回。

诗中的南京指成都，成都梅雨时值农历四月。

梅雨

［唐］柳宗元

梅实迎时雨，苍茫值晚春。
愁深楚猿夜，梦断越鸡晨。

海雾连南极，江云暗北津。
素衣今尽化，非为帝京尘。

柳宗元写这首诗时在广西柳州，小春即农历三月。

梅雨（节选）

［宋］陆游

……
丝丝梅子熟时雨，漠漠楝花开后寒。
剩采芸香辟书蠹，旋舂麦麲续家餐。
……

当时陆游在家乡，芸花在夏季开花，所以江浙梅雨正值初夏。连绵多雨的梅雨节过后，天气开始由太平洋副热带高压主导，正式进入炎热的夏季。高压脊控制的地区，天气晴热。如果高压脊控制过久，则会造成持续高温天气和严重的干旱现象。

梅雨结束后，即转入盛夏，各地的气候特点是：北方因经常受到锋面的影响，雨季开始，多雷阵雨；长江流域在副热带高压的控制下，天气晴热，午后常有短时雷雨；华南及东南沿海诸岛因受赤道气流的影响，多雷阵雨。在这一时期，东南沿海诸省还经常受到台风的侵袭，出现暴雨和大风天气。

杜甫在《夏夜叹》中描绘：“永日不可暮，炎蒸毒我肠。”道出了昼长夜短、酷暑难熬的情景。王维《杂曲歌辞·苦热行》说：“赤日满天地，火云成山岳。草木尽焦卷，川泽皆涸竭。轻纨觉衣重，密树苦阴薄。莞簟不可近，絺绤再三濯。”赤日炎炎、火云满天、草木焦黄、河湖枯竭，酷暑让人觉得再轻薄的衣服也十分厚重，再浓密的树林也不够遮挡烈日，甚至凉席都不敢靠近，粗布衣服要再三换洗，酷热使人倍觉肉体上存在的痛苦与麻烦。

韩愈形象地把闷热天气比做是在蒸笼之中：“自从五月困暑湿，如坐深甑遭蒸炊。手磨袖拂心语口，慢肤多汗真相宜。”（《郑群赠簟》）人在深深的蒸笼中被烧烤、被蒸煮，是不是就是古代的“桑拿”呢？

苦热

［宋］陆游

万瓦鳞鳞若火龙，日车不动汗珠融。
无因羽翮氛埃外，坐觉蒸炊釜甑中。
石涧寒泉空有梦，冰壶团扇欲无功。
余威向晚犹堪畏，浴罢斜阳满野红。

三、秋季

残暑蝉催尽，新秋雁戴来。

残留的暑气已在蝉声中消失，新的秋天随着大雁南飞而到来。

宴散

［唐］白居易

小宴追凉散，平桥步月回。
笙歌归院落，灯火下楼台。
残暑蝉催尽，新秋雁戴来。
将何还睡兴，临卧举残杯。

暑尽秋来，蝉随着秋凉的到来，生命的时日将尽，抱树而鸣之声更切；新秋伊始，北雁结队南翔。诗人抓住这种时令和物候的变化特征，把夏去秋来的自然界变化表现得十分富于诗意，称残暑是急切的蝉鸣之声催促而去尽，新秋季节是群雁方引来。五言律诗以第三字为诗眼。这两句以“蝉”“雁”二字为诗眼，不仅使这两个诗句本身意象生动，警策动人，而且照亮了全诗，深化了诗的主题和意境，加强了全诗的艺术感染力。因此，魏庆之在《诗人玉屑》里将这两字作为“唐人句法”中“眼用实字”的范例。

“将何还睡兴，临卧举残杯”。诗人在宴罢闲步时，伴随着明月而来的新秋凉意，使诗人兴奋不已，似乎是他首先感受到了这种时令和物候的变化。这新秋的凉风，不仅吹散了诗人身上的“残暑”余热，也掀起了诗人心田秋水般的微澜，不知是喜还是悲，睡意全无。但夜已深沉，万籁俱寂，人们早已进入了梦乡，是该睡觉的时候了。于是，诗人为了今夜酣畅的一觉，又举起酒杯，独酌起来。

进入秋季，北方冷空气不断侵入，但势力不是很强，常在我国北方形成秋高气爽的天气，华西常有绵绵秋雨出现。秋季的气温会逐渐下降，但是一般较冬季缓慢。由于干湿状况的差异，不同地区会出现或阴冷多雨，或干燥凉爽的气象状况。

在较冷的深秋，由于昼夜温差大，白天蒸腾的水汽会在夜间凝结，或为露，或为霜。秋季太阳直射点从北半球逐渐南移，秋分之后越过赤道，太阳直射南半球。从北半球看来，太阳的角度渐渐变低，昼夜长短差距变小。秋分时昼夜等长。

四、冬季

霜轻未杀萋萋草，日暖初干漠漠沙。

寒霜未冻死小草，太阳晒干了大地。作品深刻、全方位地展现了江南早冬时节的场景。

早冬

［唐］白居易

十月江南天气好，可怜冬景似春华。
霜轻未杀萋萋草，日暖初干漠漠沙。
老柘叶黄如嫩树，寒樱枝白是狂花。
此时却羡闲人醉，五马无由入酒家。

冬天，在我国一般指的是农历十月、十一月和十二月这三个月的时间。但是，由于我们国家的国土面积非常广阔，从北到南进入冬天的时间也有比较大的差别。就拿十月来说，北方的气温通常已经很低了，天地之间早已是一片肃杀，曹操就曾经在诗中说："孟冬十月，北风徘徊"。而在南方，地气较暖，也就是说地表在下半年储存的热量还有余温，因此这个时候的气温并不算冷。甚至在连续晴朗无风的天气，更是风和日丽、温暖如春，以至于一些果树误以为春天来了，会二次开花，所以民间又把十月称为"小阳春"，又叫"十月小春"。我们今天要欣赏的这首诗，就描写了这一时节的江南美景。

白居易开门见山地说："十月江南天气好，可怜冬景似春华。"已经是十月了，江南的天气却依旧非常宜人，明明是冬天，这景致却像春天一样，欣欣向荣，惹人怜爱。接下来用"霜轻未杀萋萋草，日暖初干漠漠沙"形容这非同寻常的"十月小春"。初冬时节，杭州的早晨才下了薄薄的一层轻霜，这对于花草来说构不成丝毫威胁，依然在蓬勃地生长。太阳升起来之后，就觉得暖洋洋的，连水边的沙土都被晒干了。"老柘叶黄如嫩树，寒樱枝白是狂花。"柘树叶子开始泛黄，远远看去，就像春天刚刚长出满树的嫩芽，一片鹅黄；樱花却是一树洁白，这并不是积雪，而是在"小阳春"里怒放的樱花。白居易用欣喜的心情描绘了江南的早冬佳景之后，不禁发出这样的感慨："此时却羡闲人醉，五马无由入酒家。"面对此情此景，我多羡慕那些有闲情喝酒的人啊，而自己作为太守，却没办法去酒家喝酒。这里的"五马"是一个典故，出自《陌上桑》中的"使君从南来，五马立踟蹰。"用来指代太守，这里指的就是白居易自己了。

江南早冬的美景不光让白居易沉醉，在其他诗人笔下也有精彩的记录。杜牧就曾经在诗中留下"青山隐隐水迢迢，秋尽江南草未凋"的名句；在苏轼眼中，早冬时节则是"一年好景君须记，最是橙黄橘绿时"的大美时刻；而欧阳修的"十月小春梅蕊绽。红炉画阁新装遍。"更是记录了初冬十月，梅开二度的难得景象。隆冬到来之前，一场难得的"小阳春"为人们送来了温暖和慰藉。明代文化繁荣，富庶的江南更是文化重镇。以"吴门画派"为代表的画家群体生长于斯、滋养于斯，也用手中的画笔画遍了这里的山山水水。

谁将平地万堆雪，剪刻作此连天花。

是谁在平地上堆起了高高的雪堆，剪裁成这漫天的雪花。

李花二首·其二

［唐］韩愈

当春天地争奢华，洛阳园苑尤纷拏。
谁将平地万堆雪，剪刻作此连天花。
日光赤色照未好，明月暂入都交加。
夜领张彻投卢仝，乘云共至玉皇家。
长姬香御四罗列，缟裙练帨无等差。
静濯明妆有所奉，顾我未肯置齿牙。
清寒莹骨肝胆醒，一生思虑无由邪。

冬季我国南方为亚热带季风气候，温和少雨。北方为温带季风气候，寒冷干燥。西北地区与北方地区相同。青藏高原地区地势高，受冬季风影响小，较为温暖但昼夜温差大。

我国冬季气温分布特点：南北温差很大，越往北气温越低。我国属季风性气候区，冬夏气温分布差异很大，南北温差不大。主要原因在于：夏季太阳直射北半球，北半球获得热量多；夏季盛行夏季风，我国大部分地区气温上升到最高值；夏季太阳高度大，纬度越高，白昼时间越长，减缓了南北接受太阳光热的差异。

观猎

［唐］王维

风劲角弓鸣，将军猎渭城。
草枯鹰眼疾，雪尽马蹄轻。
忽过新丰市，还归细柳营。
回看射雕处，千里暮云平。

冬十月

［三国］曹操

孟冬十月，北风徘徊，
天气肃清，繁霜霏霏。
鹍鸡晨鸣，鸿雁南飞，
鸷鸟潜藏，熊罴窟栖。
钱镈停置，农收积场，
逆旅整设，以通贾商。
幸甚至哉！歌以咏志。

初冬十月，北风呼呼地吹着，气氛肃杀，天气寒冷，寒霜又厚又密。鹍鸡鸟在清晨鸣叫着，大雁向南方远去，猛禽也都藏身匿迹起来，就连熊也都入洞安眠了。农民放下了农具不再劳作，收获的庄稼堆满了谷场，旅店正在整理布置，以供来往的客商住宿。我能到这里是多么的幸运啊，高声诵歌来表达自己的这种感情。

第九章　地方性气候

一、局地气候

熏风自南来，殿阁生微凉。

夏季，风从海洋吹来，由于海洋上空气温低，因而海风凉爽，殿阁就有了些许微凉。直观地说明了海洋对气候的调节作用。

夏日联句

［唐］李昂，柳公权

人皆苦炎热，我爱夏日长。——李　昂
熏风自南来，殿阁生微凉。——柳公权

熏风：和缓的南风。诗的大意是，一般人都很讨厌炎炎夏日，但是我却很喜欢一年中最长的夏季。虽说很热，但穿过树丛带着香气的风从南而来，宽阔的宫殿楼阁被微风一吹，一下子变得清凉，这种惬意和清爽只有在夏天才能体会得到。

熏风自南来，殿阁之所以生微凉，是因为这个风是从海洋上吹来。由于海水的热容量大，因而升温也慢，降温也慢，气温的年变化比较小。夏天的时候，由于海水的热容量大于陆地，在相同太阳辐射情况下海水要比陆地增温慢，海面上的温度小于陆地上的温度，因此，海洋上吹来的风要比陆地上的气温要低，海风凉爽，即“殿阁生微凉”。这也是人们常说的海洋性气候。

海洋性气候是指海洋邻近区域的气候，由于海洋巨大水体作用所形成的气候，如海岛或盛行风来自海洋的大陆部分地区的气候。

除此之外，海陆风也在起作用。白天，陆地升温快，海洋升温慢，在海洋上空气相对冷、密度大，空气下沉，这样就在海洋面上形成一个高压区；而在陆地上，由于升温快，空气相对暖而轻，做上升运动，这样在陆地上就形成一个低压区，高压区的空气要向低压区流动，形成了海风。相反，到了夜晚就形成了陆风。所以，夏季海滨城市要比内陆城市凉爽，冬季海滨城市要比内陆城市温暖，起到了冬暖夏凉的效果。

一山分四顶，三面瞰平湖。过夏僧无热，凌冬草不枯。

此句说明水体对气候的调节作用。文中的山地在安徽境内，湖泊为巢湖。湖水热容量大，夏季升温慢，周围地区不热，这就是过夏僧无热的原因；冬季湖水降温慢，使得周围不冷，因而凌冬草不枯。当然，另一个主要原因是此地位于亚热带，冬季不冷。

四顶山

［唐］罗隐

胜景天然别，精神入画图。
一山分四顶，三面瞰平湖。
过夏僧无热，凌冬草不枯。
游人来至此，愿剃发和须。

四顶山位于巢湖北岸，以独特的湖光山色交相辉映而雄居皖中。主峰海拔为174米，因四峰并列，故名四顶山。此山又因传说古代仙人魏伯阳曾筑鼎炼丹于山顶，亦称四鼎山。山虽不高，但由于紧靠我国五大淡水湖之一的巢湖，显得尤为峻伟。山上有很多造型各异的石头，形成了包括：“鹦鹉观天石、老蚌含珠石、棋盘石、都御史座石、钓鱼台、天将守门”等在内的许多自然景观。四顶山景色之美，以朝霞为最。每当雨霁露晨，旭日东升，则霞光四射，满山璀璨，所以“四顶朝霞”闻名海内外，先后被列入庐阳八景和巢湖八景。

诗人罗隐到此游览后，留下了“过夏僧无热，凌冬草不枯。”的诗句。那么，为什么这里会夏天僧不热，而冬天草不枯呢？这要从湖泊气候和湖泊效应说起。

湖泊气候是指由于湖泊水体的存在，而造成异于周围陆地的一种局地性气候，其特征是湖泊范围越大越显著。湖泊效应是指由湖泊（包括人造湖泊、大型水库等）产生的对附近地区气候的调节作用称为湖泊效应。

为了大家更好的理解湖泊气候，我们先来介绍一下“比热容”这个物理概念。比热容指的是单位体积的某种物质，温度升高（或降低）1℃所吸收（或放出）的热量。比热容越大，表示物体的吸热（或散热）能力越强，也就是说单位质量的此物质，温度升高（或降低）1℃时，其吸收（或放出）的热量越多。相反，相同质量的不同物质，在吸收（或放出）相同的热量时，比热容较大的物质，升温（或降温）幅度较小。在同样的太阳辐射下，水体和陆面吸收了相同的热量，但由于水体比热容远远大于陆面，所以，湖区比陆地升温慢，日比较温差和年比较温差小。这种现象多见于海陆间（称为海陆势力性质差异）和大的湖泊与陆地之间，所以，湖面上气温变化与周围陆地相比，较为和缓，冬暖夏凉，夜暖昼凉。例如，一月份的贝加尔湖中大乌西根岛平均气温，比湖东的巴尔古津的高13℃，而七月份则低7℃。其次，由于水陆的热力差异，在较大的湖泊周围也形成类似于海陆风的“湖陆风”。白天风从湖泊吹向岸边，夜间风从陆地吹向水面。由于湖风的调节，湖滨地区夏季白天气温偏低，冬季夜晚偏高。另外，在水体的下风方向，由于水面源源输送了丰富的水汽，使云量和降水有可能增加。因此，湖泊面积愈大，湖水愈深，湖泊气候的特点及湖泊效应就愈明显。

八百里巢湖烟波浩渺，正是它的存在，让湖区的四顶山一带“夏天僧不热，冬天草不枯。”游人至此，感受到这样舒适的气候，难怪即使剃发为僧也愿意长居于此。

城市尚余三伏热，秋光先到野人家。

此句形象地描写了城市与乡村秋天中温度的变化，反映了城市中的热岛效应现象。

秋怀

［宋］陆游

园丁傍架摘黄瓜，村女沿篱采碧花。

城市尚余三伏热，秋光先到野人家。

诗人用最朴实的词句描绘初秋时节郊外村野闲适的农家风光。诗中大意是，园中农夫靠着瓜架正在摘成熟的黄色的瓜，村姑沿着田园的篱笆边采青色的花；城市里面三伏天的余热还没有退却，天高气爽的秋天已经先到了农村人家。说明在宋代人们就已经觉察到城市气温比郊区气温高，城市暖于郊区的现象，这种现象今天被称为“热岛现象”。

由于城市建筑群密集，柏油路和水泥路面比郊区的土壤、植被具有更大的吸热率和更小的比热容，使得城市地区升温更快，并向四周和大气中大量辐射，造成了同一时间城区气温普遍高于周围的郊区气温，高温的城区处于低温的郊区包围之中，就如同低温度海洋中的温暖岛屿一样，“热岛”之名由此而来，人们把这种现象称之为“城市热岛效应”。

今天，我们在近地面等温线图上就能清楚地看到，郊区气温相对较低，而市区则形成一个明显的高温区，如同露出水面的岛屿，被形象的称为“城市热岛”。城市热岛中心的气温一般比周围郊区高1℃左右，最高可达6℃以上，大城市散发的热量可以达到所接收的太阳能的五分之二，从而使城市的温度升高。在城市热岛作用下，近地面产生由郊区吹向城市的热岛环流。这样的热岛环流增强了空气对流，空气中的烟尘等提供了充足的水汽凝结核，所以说城市热岛在一定程度上影响了城市空气的湿度、云量和降水。对植物的影响则表现为提早发芽和开花、推迟落叶和休眠，生活在城市里的人们对此都有一定的体验。热岛环流还会使城市空气中的各种污染物聚集在城市上空，如果没有很强的冷空气，城市空气污染将加重，人类生存环境被破坏。

气候条件是造成城市热岛效应的外部因素，而城市化才是热岛形成的内因。城市热岛形成的原因主要有以下几点：

一是，城市人口集中，高楼密集，道路密集，工厂、汽车、空调及家庭炉灶和饭店等大量消耗能源，散发出相当多的热量，甚至人体本身也在不停地产生热量；而郊外的村野，人烟稀少，生活产生的热量较少，还有更大的扩散空间。这样，在相同的环境条件下，城里的气温就会比村野的高。

二是，城市连片的人造设施，改变了下垫面的热力学性质，使城市里的显热增加。建筑群、马路中的砂石、水泥的比热容要比村野水土下垫面的比热容小，根据热力学定理可知，升高的温度与比热容成反比，在相同日照条件下，沙石、泥土的比热容小，因此它的温度升得高。

三是，城市楼群林立，密集高大的建筑物，是气流通行的障碍物，使城市风速减小，也不利于热量散失。还会引起城市气候其他要素，如风向、湿度、降水、云和雾等的相应改变，进一步影响了热量的散失。

四是，由于城市水域面积较小（即使大中城市与周围的乡村相比也是较小的），水的蒸发量就小，使得蒸发所吸收的热量就少，使城市的温度较高；而乡村有大量的树木、庄稼、草地和水洼等，通过蒸腾作用吸收了大量的热量。

正是，由于城市热岛现象，虽已初秋，才会“城市尚余三伏热，秋光先到野人家。”

雾失楼台，月迷津渡。

此句反映的是典型的“回南天”现象。

踏莎行 ·郴州旅舍

［宋］秦观

雾失楼台，月迷津渡。桃源望断无寻处。可堪孤馆闭春寒，杜鹃声里斜阳暮。

驿寄梅花，鱼传尺素。砌成此恨无重数。郴江幸自绕郴山，为谁流下潇湘去。

这首词为北宋文学家秦观贬谪湖南郴州时所作。雾失楼台：暮霭沉沉，楼台消失在浓雾中。月迷津渡：月色朦胧，渡口迷失不见。词的大意是，雾气迷蒙，楼台依稀难辨，月色朦胧，渡口也隐匿不见。望尽天涯，陶渊明笔下理想中的桃花源，无处觅寻。怎能忍受得了独居在孤寂的客馆，春寒料峭，斜阳西下，杜鹃声声哀鸣！远方友人来信，寄来了温暖的关心和嘱咐，却平添了我深深的别恨离愁。郴江，你就绕着你的郴山流啊！为什么偏偏要流到潇湘去呢？词中的“雾失楼台，月迷津渡”描述的是我国南方典型的“回南天”现象。“回南天”是对我国南方地区一种天气现象的称呼，通常指每年春天临近，气温开始回暖而湿度开始回升的现象。

冬去春来，乍暖还寒，人们在起床时发现窗外的世界陷入了茫茫雾海，这样的天气广东、广西称为“回南天”。“回南天”是天气返潮现象，一般出现在春季的二三月份，主要是因为冷空气走后，暖湿气流迅速反攻，致使气温回升，空气湿度加大，一些冰冷的物体表面遇到暖湿气流后，达到露点温度时，空气中的水汽就达到饱和，水汽在物体表面凝结析出，产生水珠，“回南天”现象由此产生。露点温度是指在空气中水汽含量不变和气压一定时，如果气温不断降低，使空气达到饱和的温度就叫露点温度，也称露点。“回南天”现象在南方比较严重，这与南方靠海，空气湿润有关。“回南天”出现时，空气温度接近饱和，墙壁甚至地面都会“冒水”，到处是湿漉漉的景象，空气似乎都能拧出水来，故两广地区有“回南天，满窗泪”之说。而浓雾则是“回南天”最具特色的表象，据统计，“回南天”现象严重时，可使能见度降至50米。“回南天”使一些物品或食品很容易受潮，进而霉变腐烂，因此，要适当采取相应的防潮措施。

地近漏天终岁雨。

该诗句是唐代诗人杜甫对雨城雅安的经典描述。

雅安位于四川省西部。自古以来，雅安便有“华西雨屏”“雅安天漏”“雨城”之称。杜甫有诗云“地近漏天终岁雨”，唐代诗人李商隐感叹：“巴山夜雨涨秋池，何当共剪西窗竹”，齐白石老人刻印称：“家在清风雅雨间”，张大千在《蜀西纪游》画册中慨叹“孤峰绝青天，断崖横漏阁。六时常是雨，闻有飞仙渡”，雅安民间也历来有“蜀犬吠日”“雅安无三日晴”之民谚。

雨城天漏是由雅安自身所处的特殊地理环境造成的。雅安的西侧是号称世界屋脊的青藏高原，而东面则是平畴千里的四川盆地，为平原到高原的过渡带。常受高原下沉气流和盆地暖湿气流的交互影响，再加上来自印度洋的挟带大量水汽的南支西风暖湿气流，常被迫绕高原东移进入雅安境内，在这几种气流相互作用下，使得雅安比相邻的其他地区降水都多，成为名副其实的“雨城”。

雨城天漏的另一个重要原因，那便是雅安别具一格的地理形状，雅安的地形兼有“迎风口”和“喇叭口”的特点。雅安市的西面是高大雄峻的二郎山，西北方是险峻的夹金山，南部又有大相岭，只有东面一个出口。这样的地形组成喇叭形状，东来的暖湿气流能进不能出，一到夜间，四周山上的冷气流下沉，冷暖气流一经交汇，雨城就下起淅淅沥沥的雨来，这也是雅安为何多夜雨的原因。

雅安成为天漏需要大量的暖湿水汽，从大气环流形势分析，为雨城输送水汽的大气环流有太平洋副热带高压和偏南气流，有了他们的帮助，雨城的天空从此长漏不休。

雅安的降水特点：一是降雨日数多，据气象观测资料统计，一年365天，雅安霪雨纷纷、愁雾惨淡的雨日便有218天之多；二是雨量大，雅安年均降雨量1800多毫米，在内地实为罕见；三是降水时数长，全年降水累积时数高达2319小时；四是夜雨多，雅安的雨有70%以上发生在夜间，很多时候雨从入夜开始飘落，天明即云散雨收，而夜雨又多集中在秋季，特别是每年的9月和10月间；五是暴雨多，雅安暴雨一般在夏季发生，年均暴雨次数在8次左右，最多的年份暴雨达到了15次。

二、山地气候

人间四月芳菲尽，山寺桃花始盛开。

此句反映了气温垂直分布的特点，正是因为气温随高度的上升而降低这一特点，才造成了山顶与山脚的气温不同，山顶与山脚的桃花花期不一样的这种地理现象。

大林寺桃花

［唐］白居易

人间四月芳菲尽，山寺桃花始盛开。
长恨春归无觅处，不知转入此中来。

此诗是唐朝著名诗人白居易，在九江庐山风景区“仙人洞”附近游览时所写，当时正值四月，大林寺位于庐山香炉峰。诗的意思是说，庐山山脚下的九江平地里四月份花朵早已凋谢，高山上大林寺庙里的桃花刚刚盛开。万紫千红的春天是多么的美呀，可是春去夏来是自然界的客观规律。平地上春天已经过去了，进入到了夏天，还能到哪儿再去寻找春天的景象呢？原来平地上入夏时，山上仍然是春光明媚！从山下走到山上，不就又回到春天了吗？为什么山上的季节要比山下晚呢？为什么山上的物候现象要比山下迟呢？

这是因为，一般情况下，在对流层中气温随着高度的升高不断降低，平均每上升100米，气温降低0.65℃。为什么会呈现这样的规律呢？我们都知道，地球的热量主要来源于太阳能的辐射，太阳能以短波的形式向外辐射传播。受太阳的照射，大气变暖，气温升高，但这并不是因为空气直接吸收了太阳光辐射热量的结果，因为空气分子几乎不吸收波长比较短的太阳光线的热量的，这样，太阳发出的短波就透过大气直接照到地面，地面吸收了这种太阳短波辐射热量以后，地面温度升高。地面一方面吸收来自太阳的短波辐射，一方面又向外放出长波辐射，空气分子正是由于吸收了地面的长波辐射的能量而升温的，这也就是我们常说的太阳热大地，大地热大气。打个比方，这好比锅子底下生火，锅里的水就热了一样。所以越接近地面气温越高，越远离地面气温越低，当然了，这指的是一般的情况。也有特殊的情况，在某一时间内，在某一层的空气中会出现气温随高度升高而升高，这个叫作逆温。但这种现象只存在于某一段时间内的某层空气中，从普遍规律看，气温的垂直变化是随高度的增高而降低。

庐山海拔高度约为1600米，香炉峰上的大林寺海拔高度约为1160米，而九江海拔高度约32米，庐山上大林寺要比山下的九江平地高出近1130米，因此庐山上气温要比九江低6～7℃，使桃花盛开期比九江晚了整整一个月。在比庐山更高的山上，物候现象就比平地晚得更多了。正是因为气温随高度增加而降低，所以，在夏季里，山麓暑气蒸人，山上却是避暑疗养的胜地。例如，海拔1164米处的庐山气象站，在最热的7月里，平均气温只有22.6℃，相当于北京9月上旬、上海9月下旬和广州10月下旬那样凉爽宜人的温度。而山脚下的九江7月份平均气温高达29.4℃，最高气温高于35℃的炎热日数年平均也多达25天。

还有很多的诗句都描写了随海拔高度的增加，气温逐渐降低。如“又恐琼楼玉宇，高处不胜寒。”（宋·苏轼《水调歌头》）。在高空，由于距离地面远，大气吸收的地面辐射少，气温低。并且在海拔高的地区（如青藏高原），由于空气稀薄，大气逆辐射弱，大气对地面的保温作用小，气温低。“五月天山雪，无花只有寒，笛中闻折柳，春色未曾看。”（唐·李白《塞下曲》）、“洛阳城里花如雪，陆浑山中今始发。”（唐·宋之问《寒食还陆浑别业》）、“山中甲子无春夏，四月才开二月花。”（明·朱多《访仙亭》），描写的都是随着海拔高度越高，气温越低，当然像“五月天上雪，无花只有寒”除了说明随高度增加，气温降低之外，也说明祁连山海拔高，山顶常年积雪，全年皆冬，但山坡上由于气温明显高于山顶，且有一定的地形雨，因而有不少郁郁葱葱的森林。所以说，山地的物象变化是非常大的，“一山有四季，十里不同天”描写的就是因地形影响的气候和植被垂直变化的情况。据记载，有人在1961年6月3日从四川北部阿坝地区出发下山，经过海拔3600米的地方，山沟里还结着冰，汽车走了244千米到达海拔2700米的米亚诺地方，这里已经有小麦，但是长得还不高；再下山100千米，在海拔1530米处，小麦已经将近黄熟了；再下行到海拔1360米处的茂汶县，农民正在打麦子；晚间到达海拔780米川西平原上的灌县，小麦早已收割完毕。他一天之中，竟过了四季，小麦从种到收的气候都经过了。正是“一山有四季，十里不同天”的形象写照。

山高了，四季早晚、长短会有些什么变化呢？那就是山高冬来早，山高入春迟，山高夏最晚，山高秋先到。还以庐山为例，庐山比九江高1000多米，它比九江入冬要早22天。平均每上升100米冬来早约2天，春来迟2.2天，秋早到约3.5天，比起其他三季来，庐山上的凉夏来得最晚，它要比九江晚54天之久，平均每上升100米，夏来迟4.7天。高山上因为夏来迟，秋来早，冬来早，春到迟，所以比起平地来，冬特长而夏奇短。比如九江夏长132天，庐山夏长只有42天，平均每上升100米，夏长约短8天。九江冬长108天，庐山冬长159天，平均每升高100米，冬长要增加4.4天之多。

南枝向暖北枝寒，一种春风有两般。

此句反映了坡向与气温的关系，说明山坡两侧向阳坡与背阳坡的光照及热量的差异。

早梅 ·观梅女仙

［唐］刘元载妻

南枝向暖北枝寒，一种春风有两般。
凭仗高楼莫吹笛，大家留取倚阑干。

此诗说的就是在相同的海拔高度上，南、北坡冷暖会有相当大的不同。诗中的“枝”指的就是梅花，南枝和北枝指的就是山脉南、北坡上的梅花。“一种春风有两般”的意思是，在同一季节、同一日子里，山南山北的气候并不一样，诗人借用梅花来表现山南温暖，而山北寒冷。这两句诗，实际上说的是北半球温带山区的普遍规律。陈毅《过太行山书怀》中的“山阳薄雾散，山阴白雪密”都反映了山地的这个气候道理。

我国位于北半球，山地的南坡为阳坡，北坡为阴坡。一方面，阳坡的太阳光线与坡面的夹角比平地大，比阴坡更大，故阳坡吸收的太阳辐射能量比阴坡的多，气温比阴坡高。由于山地阳坡的气温比同一高度的阴坡高，因此，山地同一自然带的高度，应该是阳坡比阴坡高。一般情况下，雪线也是阳坡比阴坡高。另一方面，我国东部地区是典型的季风气候，冬季东部绝大部分地区深受冬季风的影响。冬季风不同于夏季风，它来势强劲，一次寒潮常常可以扫过几百万平方千米，甚至上千万平方千米的面积。寒潮是由极地和高纬度地区的地面辐射冷却降温而形成的低温冷空气团，因而它的厚度总是有限的，且在南下过程中，边流动边分散，越向南方，厚度就越来越薄，山脉丘陵对它都有阻碍作用，一些较高的山脉常常是它前进过不去的坎，有时必先要停留一段时间，或等到新的冷空气加入后，方可越过或绕过山脉继续南下。越过山脉后的冷空气势力大大减弱，且气流下沉过程中增温明显，使南坡的温度增加，这就是气象上所说的“焚风效应”。在我国天山南北、秦岭脚下、川南丘陵、金沙江河谷、皖南山区到处可见焚风的踪迹。海拔仅1000多米的大兴安岭和太行山，由于冬季来自西伯利亚的冷空气南下时，沿着斜坡倾泻下来，形成焚风，从而使东坡的气候发生重大变化。例如：太行山麓燕山脚下的北京，1月份平均气温-4.7℃，比同纬度上的秦皇岛高出1.2℃，比辽宁复县高出3.7℃，比丹东高出4.1℃，因此北京成为我国与北京同纬度地区上冬季最暖的地方。

此外与山谷风也有很大关系。山谷风是由于山坡上和坡前谷中同高度上自由大气间有温差而形成的地方性风。由于山、谷在昼夜受热和放热的程度不同，从而在它们之间形成温度差，随之引起空气密度变化，山谷间构成压力梯度，昼夜压力梯度方向刚刚相反，这样就形成了山谷风。

白天，山坡接受太阳光热较多，成为一只小小的“加热炉”，空气增温较多，而与山顶相同高度的山谷上空，因离地较远，空气增温较少。于是山坡上的暖空气不断膨胀上升，在山顶近地面形成低压，并从山坡上空流向谷地上空，谷地上空空气收缩下沉，在谷底近地面形成高压，谷底的空气则沿山坡向山顶补充，这样便在山坡与山谷之间形成一个势力环流。下层风由谷底吹向山坡，称为谷风。

夜间，山坡上的空气受山坡辐射冷却影响，“加热炉”变成了“冷却器”，空气降温较多；而同高度的谷地上空，空气因离地面较远，降温较少。于是山顶空气收缩下沉，在近地面形成高压，冷空气下沉使空气密度加大，顺山坡流入谷底，谷底的空气被迫抬升，并从上面向山顶上空流去，形成与白天相反的势力环流。下层风由山坡吹向谷地，称为山风。

山谷风对向阳坡的树木成长十分有利。在晴朗的白天，谷风把温暖的空气向山上输送，使山上气温升高，促使山地的向阳坡上的植物、农作物和果树早发芽、早开花、早结果、早成熟；在冬季也可减少寒意。谷风把谷底的水汽带到上方，使山上空气湿度增加，谷底的空气湿度减小，这种现象，在中午几小时内特别的显著。如果空气中有足够的水汽，夏季谷风常常会凝云致雨，这对山区树木和农作物的生长很有利。夜晚，山风把水汽从山上带入谷底，因而山上的空气湿度减小，谷底空气湿度增加。在生长季节里，山风能降低湿度，对植物体营养物质的积累，块根、块茎植物的生长膨大很有好处。

人们在长期的实践中，也把这些气象理论应用到生活生产之中。我国民间建筑就充分借用光照，来适应当地气候特点，形成了风格迥异的建筑特色，比如大家熟知的北京四合院、长江中下游的民宅、西南地区的吊脚楼等等。北京四合院为单体封闭院落，北房是高大的正房，北墙不开窗或开小窗，以避免冬季寒风，南面开大窗，便于吸收太阳辐射热量；南房和东西厢房低矮，一方面使北房冬季室内有足够日照，另一方面高大的北房将寒风和风沙拒之墙外，起到了屏蔽作用。长江中下游空气湿度大、温度高，因此民宅建筑风格着重通风、避雨、防湿和遮阳的功能，多数是南北墙有对开窗户，以利通风，考虑到夏季盛行东南风，房屋朝向以南偏东居多，如上海、苏州的房屋朝向多数是以南偏东15°，同时为了避雨遮阳，屋檐往往外伸较远。云南西双版纳的傣族多居竹楼（又称干栏或吊脚楼），这种民宅既通风又防湿。在适应当地气候特点的同时，人们在建筑设计上也采取了用来调节环境小气候的设计，例如，云南丽江的古宅建筑有高大的照壁，照壁的功能除了挡风外，还可以反射阳光到堂屋（客厅）内，使堂屋更明亮、干燥。再如，美国明尼阿波利斯的劳林公园，在公园北侧布置连片的建筑物，以便冬季抵挡寒风，这些建筑物的南面为一排排大玻璃窗，可将部分阳光反射到公园的庭院和绿化的道路上，而在公园的南侧则布置（点式）塔楼，以便有足够的阳光照进公园。

君问归期未有期，巴山夜雨涨秋池。

此句描述了四川巴山地区受地形影响，常常形成夜雨的天气。

夜雨寄北

［唐］李商隐

君问归期未有期，巴山夜雨涨秋池。
何当共剪西窗烛，却话巴山夜雨时。

此诗是晚唐诗人李商隐身居异乡巴蜀，写给远在长安的妻子（或友人）的一首抒情七言绝句，是诗人给对方的复信。诗的意思是说，你问我什么时候回去，我还没有确定的日子。此刻巴山的夜雨淅淅沥沥，雨水涨满了秋天的河池。什么时候我才能回到家乡，在西窗下我们一边剪烛一边谈心，那时我再对你说说今晚在巴山作客听着绵绵夜雨，我是多么寂寞，多么想念你呀！

此诗句不但是言情佳句，还揭示一种天气现象，涉及“巴山夜雨”的成因。巴山位于四川与陕西交界处，是四川盆地的边缘，夜雨是指晚八时以后到第二天早晨八时以前下的雨。“巴山夜雨”其实泛指包括四川盆地在内的我国西南山地。据统计，这些地方的夜雨量一般都占全年降水量的60%以上，例如，重庆、峨眉山、贵阳的夜雨量分别占一年中降水量的61%、67%、67%，春季的夜雨更多一些，像峨眉山达到了69%。这里为什么会多夜雨呢？这里的夜雨主要由对流引起，也就是人们常说的阵性降雨。一般来说，产生对流性天气需要具备三个条件：大气层结不稳定、充沛的水汽和产生对流的扰动力。盆地处于周围山地的环绕之中，气流不通畅，空气潮湿，潮湿的空气使得白天多层状云，在云层的保护下，地面的逆辐射减弱，不至于被太阳烘烤得很热，云层的底部温度相对较低，而云顶受太阳的直接辐射，温度相对较高，空气上轻下重，大气层结处于相对稳定状态，对流运动难以发展；而到了夜间，云上部因为辐射而冷却，云下部受到云层的保暖作用，还比较暖，云上冷空气密度大于云下暖空气，冷空气要往下沉，暖空气要往上升，使得空气形成上重下轻的不稳定状态，容易促使对流发展。盆地的西侧是云贵高原，我国又处在西风带，夜晚受上层西风气流的影响，冷空气沿坡下降，低层由山坡流向山谷，给山谷、盆地的暖湿空气一个向上的冲击力，促进对流运动的发生，形成降水，所以这里夜雨比较多。

《三国演义》大家都耳熟能详，无论是书籍还是影视作品都尽可能地为大家展示了激情燃烧、英雄辈出的历史画面。《三国演义》中103回，诸葛亮火烧上方谷（葫芦谷）时就出现了降性降雨。公元234年，诸葛亮统兵30万五出祁山，司马懿坚守不战，诸葛亮设一计，引司马懿入上方谷夺粮，以火攻之。可天空骤降大雨，使司马懿父子逃过此劫。诸葛亮见此情景长叹一声："谋事在人，成事在天，不可强也。"后人写诗道："谷口风狂烈焰飘，何期骤雨降青霄，武侯妙计若能就，安得山河属晋朝!"大家可曾想过为什么天空会骤降大雨，它的科学依据又在哪里呢？这里的降雨就是热力对流引起的雷雨。祁山位于渭水一带，在现在的陕西省礼泉县（咸阳市西北）以东，上方谷是其中一个山谷。由于该谷两山环抱，地形险要，谷口只容一人一骑通过，故得名。诸葛亮这场火攻，正值盛夏火热之时，太平洋副热带高压控制我国大陆东南部，北方冷空气控制黄河以北，潮湿的东南季风深入到内地。而魏蜀交兵处的渭水一带刚好盛行季风气候，给当地空气带来了较多的水汽。夏天太阳光直射地面，地表增温较快，近地面空气形成上冷下热、上重下轻的不稳定。特别是谷内，气流闭塞，热量不易散发。火攻之时，烟粒又充当了凝结核的作用，短时间内产生热雷暴，使得天空骤降大雨。所以，后人也常常把计划好却没有办成的事情，归结为"谋事在人，成事在天"来安慰自己。

云横秦岭家何在？雪拥蓝关马不前。

此句反映了秦岭山上云雾山后雪的气候特点，同时也说明秦岭是我国一条重要的地理分界线。秦岭以南为亚热带，以北为暖温带，秦岭南北两侧的自然景观截然不同。

左迁至蓝关示侄孙湘

［唐］韩愈

一封朝奏九重天，夕贬潮州路八千。

欲为圣明除弊事，肯将衰朽惜残年！
云横秦岭家何在？雪拥蓝关马不前。
知汝远来应有意，好收吾骨瘴江边。

此诗是唐代诗人韩愈在晚年上奏《谏迎佛骨表》，力谏唐宪宗“迎佛骨入大内”，触怒了唐宪宗，韩愈几乎被处死，经裴度等人说情，才由刑部侍郎贬为潮州刺史。潮州在今广东东部，距当时京师长安确有八千里之遥，那路途的车马劳顿是可想而知的。当韩愈到达离京师不远的蓝田县时，他的侄儿韩湘赶来同行。韩愈悲歌当哭，写下了这首名篇。诗的意思是，早晨我把一篇谏书上奏给朝廷，晚上被贬潮州离京八千里路程。本想替皇上除去那些有害的事，哪里考虑衰朽之身还顾惜余生！阴云笼罩秦岭，可家乡在何处？大雪拥塞蓝关，马儿也不肯前行。我知道你远道而来该另有心意，正好在瘴江边把我的尸骨收清。

广义的秦岭是横亘于中国中部东西走向的巨大山脉，西起甘肃省临潭县北部的白石山，以迭山与昆仑山脉分界，向东经天水南部的麦积山进入陕西。秦岭山脉面积广大，气势磅礴，蔚为壮观。相传是春秋战国时秦国的领地，也是秦国最高的山脉，遂命名为秦岭。狭义的秦岭是秦岭山脉中段，位于陕西中部的一部分。在汉代即有“秦岭”之名，又因位于关中以南，故名“南山”或“中南山”，又称“终南山”。秦岭主体位于陕西省南部与四川省北部交界处，呈东西走向，长约1600千米。为黄河支流渭河与长江支流嘉陵江、汉水的分水岭。秦岭东边的淮河是我国的一条大河，全长一千千米。淮河两岸的地形、河流及水文特征的差异不如秦岭南北的差异明显，但从地理分区的意义上，把秦岭淮河作为我国地理上最重要的南北分界线，习惯上称秦岭以南为我国南方，秦岭以北为北方。此线的南面和北面，无论是自然条件、农业生产方式，还是地理风貌以及人民的生活习俗，都有明显的不同。

秦岭就像一堵“挡风墙”阻止冬季冷空气南下，拦截夏季东南季风的北上。南下的冷空气受此阻挡并与前方相对较暖空气相遇，空气抬升形成云，笼罩在山上，形成降雪，出现“云横秦岭”“雪拥蓝关”的景象。“梁州秦岭西，栈道与云齐”（唐·赵氏《杂言寄杜羔》），“寻幽远出潼川上，几处烟村锁白云”（唐·淡文远《秦岭云屏》）描写的都是这种在山地形成的云。当太平洋副热带高压北抬西伸到我国内陆，由于受到秦岭对气流的明显阻滞作用，使夏季湿润的海洋气流不易深入西北，北方气候干燥，而在秦岭以南形成了温暖潮湿的气候，表现出了“山前桃花山后雪”的自然景观。因此，秦岭成了亚热带与暖温带的分界线。

秦岭淮河以南降水量大于800毫米，秦岭淮河以北降水量小于800毫米；秦岭淮河以北雨季集中而短促，主要在7、8月份，秦岭淮河以南雨季要长得多，也就造成了秦岭淮河是湿润和半湿润地区的分界线；秦岭淮河以南1月份平均气温在0℃以上，冬季基本不结冰，秦岭淮河以北1月份平均气温在0℃以下，冬季结冰；秦岭淮河以南是亚热带季风气候，以北是温带季风气候；秦岭淮河以南为亚热带常绿阔叶林，秦岭淮河以北为温带落叶阔叶林，所以有“橘生淮南则为橘，生于淮北则为枳”之说；秦岭淮河以南为水田，以北为旱地，所以表现为“南稻北麦”的种植特点。

2008年前后，在我国的江苏淮安、安徽蚌埠、河南信阳等地出现了南北方分界线之争，抢建南北分界线标志物之举。

江苏淮安的南北分界线标志雕塑“红桥”利用该市历史遗存老桥墩进行修建。桥当中的地球状标志物正好位于河道中心线位置，球体由南往北按暖冷色调过渡，桥面也由红蓝两色，寓意地球上的南北气候特征。以河道为界南北两个广场分别命名为淮河广场和黄河广场，种植南北方不同的乔灌木植物，市民可从桥上穿越，直观感受南北分界的差异。

安徽蚌埠的南北分界线标志物是由我国著名工艺美术大师韩美林设计的《火凤凰·龙》雕塑。耸立在蚌埠市区东部的龙子湖西畔，雕塑高39.9米，重100吨，按照中国传统，在东南西北四个方位设计了青铜铸造的青龙、朱雀、白虎、龟蛇（玄武），顶端是一条欲飞的苍龙，寓意中国的全面腾飞。整个雕塑伟岸挺拔，直指天际。中部八根钢管，蓝色四根指向北方，象征北方气候寒冷；红色四根指向南方，象征南方气候温暖；中间夹有一颗青铜珍珠，寓意蚌埠是珠城，地处南北之间。

这里要指出的是南北分界线是一个带，并不在某一个点上，也不在某一条线上，只是人们习惯称呼为南北分界线。

天气常如二三月，花枝不断四时春。

此句描述了昆明的天气常常就像在二三月的仲春，一年四季像春天一样不断有鲜花开放，主要反映的是云南昆明四季如春的气候特点。

滇海曲（八首）

［明］杨慎

蘋香波暖泛云津，渔枻樵歌曲水滨。
天气常如二三月，花枝不断四时春。

这是明代文学家杨慎因“礼仪案”被谪云南期间所写的《滇海曲》中的一首。蘋：同萍，浮萍。云津：云津桥，今得胜桥。枻：浆，指船。诗的大意是说滇池中浮萍飘香，透出香气，云津桥下的湖面泛起暖暖的波纹，渔夫们划着船唱着歌来回穿梭在曲水滨，云南滇池的天气常常就像在二三月的仲春，一年四季像春天一样不断有鲜花开放。这首诗通过对云南滇池的赞美，表达诗人对云南的喜爱。

“天气常如二三月，花枝不断四时春”正是对云南昆明四季如春气候特征的真实写照。昆明最冷的一月，平均气温是7.8℃，比北京初春三月的气温高将近3℃；最热的七月平均气温是19.9℃，与北京晚春五月大体相当。因此，昆明也被人们称之为春城。那么，云南昆明为什么会呈现这样气候特征呢?

昆明地处云贵高原中部，从云南整个位置看，北倚青藏高原，南临辽阔的印度洋及太平洋，属青藏高原南延部分，地势从西北向东南倾斜，海拔相差很大。冬半年和夏半年控制该地区的气团性质截然不同，形成冬干夏雨，干湿分明的季风气候。其成因主要有：

一是太阳辐射。云南地处北纬21°～29°之间，北回归线从云南南部穿过，终年正午太阳高度角比较大，因而，终年接受的太阳光热不仅多而且较均匀，从太阳辐射来看，云南气候应属热带、亚热带气候，终年光照充足，气温以炎热为主。

二是大气环流。冬季，全球行星风带南移，副热带高压中心南移至北纬15°～20°左右，高空西风带也随之南移，受青藏高原的阻挡，分成南北两支。北支西风气流经我国西北、华北、东北和华东等地流向太平洋；南支西风气流沿高原南缘东流，进入我国西南地区影响云南。而这支气流来自伊朗、巴基斯坦和印度半岛等热带沙漠或内陆地区，气流属性表现为干暖，故称之为西南干暖气流。所以，11月到次年4月云南省大部分地区在这支大陆气团控制下，天气晴朗，温暖干燥。夏季，行星风带北移，西风带分支现象消失，亚欧大陆上为盘踞在印度北部到我国青藏高原上空的热低压系统，即印度低压。同时在北太平洋上，西太平洋副高的西侧和印度低压的东部，盛行来自印度洋上的温暖潮湿的西南季风气流，5～10月在这支西南气流及赤道气团的影响和控制下，是云南雨季湿度大、降水多的主要原因。

三是地形地势。错综复杂、高低悬殊的地形对云南气候的形成有着十分广泛而深刻的影响。从地势上看，北高南低的地势使非地带性因素大大加剧了因纬度而造成的气候差异，致使云南8个纬距内出现了从热带到寒温带的差异，形成“一山有四季，十里不同天”的气候分布特点。此外，北高南低的地势又有利于夏季的暖湿气流顺势抬升，对降水的形成有一定影响。从地形的屏障作用上看，地形对冬季南下的冷空气阻挡作用比较明显，因地形的阻挡作用，冬季形成两条明显的气候分界线：一条是乌蒙山地对南下冷空气阻挡而形成昆明准静止锋的平均位置。入侵我国的冷空气在越过长江转向西南爬上贵州高原和川西高原东坡时，经过长途跋涉，势力已衰，加上地势渐高，高空西风渐强，因此在云贵交界和青藏高原东坡地区被来自西南亚干燥的暖西风气流所阻。两“军”相遇，就形成了云贵准静止锋，较轻的西风暖气流被迫在东北冷气流背上滑行抬升，暖空气中的水汽逐渐凝结，成云致雨。所以，位于冷空气一侧的四川盆地和贵州地区的上空，常常低云密雨，久久不开。而云南大部分地区则在单一的干暖气团控制下以偏暖、干燥、少云的晴朗天气为主。这就是川西和云南高原上冬季天高气爽，贵州、四川盆地冬季阴雨的原因所在。当冷空气势力过于强大时，准静止锋就会越过云贵高原到达昆明，使昆明的气温急剧下降，所以有“一年无四季，一雨便成秋”之说。另一条大致相当于哀牢山地，哀牢山大部分山峰海拔都在2000米以上，对从偏东北、偏东路径来的冷空气具有一定的阻挡作用。此外，山脉走向也产生了一定的影响。云南的许多山脉均为南北走向或西北走向，与来源于海洋的西南季风交角较大，有的几乎垂直相交，气流受地形阻挡在迎风坡上升，形成地形雨；而背风坡则形成“雨影区”，甚至焚风过程。

所以，昆明受云贵高原等地形的阻挡，冬季来自蒙古-西伯利亚一带的偏北风一般不能影响到这里，这里主要受来自印度洋、孟加拉湾一带的暖气团影响，因而温暖如春。夏季，由于昆明在云贵高原上，海拔比平原高，气温垂直递减，故夏季不热。

第十章　季风气候

一、季风气候

羌笛何须怨杨柳，春风不度玉门关。

何必用羌笛吹起那哀怨的杨柳曲去埋怨春光迟迟呢，原来玉门关一带春风是吹不到的啊！此句描述了温暖湿润的夏季风难以到达西北地区，反映了我国季风与非季风区分界线，自东向西由于降水的减少造成自沿海向内陆的地域差异的特点，降水稀少，气候干旱，因此杨柳难以生长。当然这只是从自然地理的角度来看，诗中的隐喻是指皇帝的恩泽不及于边塞，所谓君门远于万里。

凉州词二首·其一

［唐］王之涣

黄河远上白云间，一片孤城万仞山。
羌笛何须怨杨柳，春风不度玉门关。

此诗是唐代诗人王之涣的一首脍炙人口的边塞诗。诗的意思是说，纵目望去，黄河渐行渐远，好像奔流在缭绕的白云中间，就在黄河上游的万仞高山之中，一座地处边塞的孤城玉门巍然屹立在那里，显得孤峭冷寂。何必用羌笛吹起《折杨柳》这种哀伤的曲子去埋怨杨柳不发、春光迟迟不来呢，原来玉门关一带春风是吹不到的啊！春风是来源于太平洋上的东南季风（夏季风），玉门关位于甘肃省西北部，河西走廊的西端，为汉武帝时期所置，因西域输入的玉石取道于此而得名。故址位于今甘肃省敦煌市城西北小方盘城，是古代通往西域的要道，它与酒泉的玉门关是不同的两个地方。

此诗涉及到我国季风和非季风区的划分，我国幅员辽阔，地形复杂，位于亚欧大陆东部，太平洋西岸，气候呈季风和非季风气候。

季风是由于海陆的热力差异导致海陆上气压中心的季节性变化，引起一年中盛行风向随季节有规律地向相反或者接近相反的方向变换而形成季风。季风分为夏季风和冬季风，我们把受季风影响的区域称为季风区，把不受季风影响的区域称为非季风区。冬季，太阳直射点偏南，亚洲内陆形成一个冷性高气压（冷高压）。随着太平洋副热带高压南撤到太平洋上空，冷高压南下，形成我国冬季东北季风气候。夏季，太阳直射点偏北，太平洋副热带高压北抬西进，形成我国夏季东南季风气候。东南季风带来了海洋上的暖湿空气，大地回春，季节性降雨开始。我国季风区与非季风区的分界线是：大兴安岭-阴山-贺兰山-巴颜喀拉山-冈底斯山一线，这条线以东以南为季风区，以西以北为非季风区。因为玉门关正好位于这条界线以西，自然得不到夏季东南季风的滋润，春风不度，杨柳不长了。而与此相对的恰是遍布千里陇东到玉门公路两边生长的又浓又密的柳树，这种柳树就是大名鼎鼎的“左公柳”。“大将筹边尚未还，湖湘子弟满天山。新栽杨柳三千里，引得春风度玉关。”（清·杨昌浚《恭诵左公西行甘棠》）。这首诗既是对左宗棠率军西征沿途种树历史的真实记载，也是对左宗棠种树功业的热情赞颂。晚清陕甘总督左宗棠西征新疆平定阿古柏叛乱时，沿路栽植杨柳树，至今已百年过后，树木成林，郁郁葱葱，似春风度玉关，这说明合理的人类活动可以改善环境。2018年中央一台热播的立志电视剧《最美的青春》，更是淋漓尽致地描绘了从新中国成立之初，经过两三代人的努力，将河北省承德市塞罕坝地区从“飞鸟无栖树，黄沙遮天日”的高原荒丘改造成“山川秀美，林壑幽深”的万亩森林。1993年塞罕坝被林业部批准为国家级森林公园，2002年，又被国家旅游局评定为“国家5A级旅游区”，真正诠释了“金山银山不如绿水青山，绿水青山就是金山银山”。

若将季风区和非季风区气候加以区别，我国气候类型主要有五种。

热带季风气候：大体上北回归线以南，包括雷州半岛、海南岛、南海诸岛、台湾岛南部。最冷月的平均气温高于15℃，最热月的平均气温高于22℃。

亚热带季风气候：大体上北回归线以北、横断山以东、秦岭淮河以南，最冷月的平均气温高于0℃低于15℃，最热月的平均气温高于22℃。

温带季风气候：大体上大兴安岭-阴山-乌鞘岭以东、秦岭淮河以北，最冷月的平均气温低于0℃高于-15℃，最热月的平均气温高于22℃。

高山高原气候：指昆仑山-祁连山-横断山一线以南以西，喜马拉雅山以北，高寒缺氧。

温带大陆性气候：指大兴安岭-阴山-横断山一线以西以北的广大内陆地区，年降水量一般低于400毫米，温差较大。

包括玉门关在内的我国西北地区，地处内陆腹地，受高山阻隔，远离温暖潮湿的海洋气流，是典型的干旱性温带大陆性气候。表现出干燥少雨、蒸发量大；日照时间长，四季分明，冬长夏短，昼夜温差大等特点。这样的气候特点，也让我们感受到了新疆瓜果的甘甜。

关于此名篇还流传着一则故事。凉州词又名《出塞》，为当时流行的一首曲子《凉州》配的唱词。据传此诗王之涣作于辞官的15年间，即公元727年至741年，在当时就非常著名。据唐人薛用弱《集异记》记载：开元（唐玄宗年号，公元727—741年）年间，有一天，王之涣与高适、王昌龄到旗亭饮酒，遇梨园伶人唱曲宴乐，三人便私下约定以伶人演唱各人所作诗篇的情形定诗名高下。王昌龄的诗被唱了两首，高适也有一首被唱到，王之涣接连落空。他指着一位最美的伶人说道，如果她唱的不是我的诗，我就不再与你们争高低了。轮到这位最美的女子演唱了，所唱则为“黄河远上白云间”，王之涣甚为得意，这就是著名的“旗亭画壁”的故事。故事未必真有，但从中可以看出王之涣这首诗在当时已成为广为传唱的名篇。

马后桃花马前雪，出关争得不回头？

马后桃花意味关内正当春天，温暖美好；马前雪是说关外犹是冬日，严寒可怖。作者用对比的手法将关内桃花烂漫与关外白雪茫茫两个场景聚集到“征马”这一关节点上，桃花和雪，一春一冬，前后所见，产生了强烈的视觉冲突，说明了关内关外气候迥异，体现了不同气候带在同一时间内不同的景象，这里描述的是暖温带和寒温带之间的春天差异。

出关

[清] 徐兰

凭山俯海古边州，旆影风翻见戍楼。
马后桃花马前雪，出关争得不回头？

这首诗是徐兰在康熙三十五年康熙皇帝统兵亲征噶尔丹时，随安郡王由居庸关至归化城（今呼和浩特），随军出塞时所作。诗的大意是，古老的边地州城背山面海，旌旗在戍防城楼上随风翻卷。战马后的土地正是桃花盛开的春天，战马前面的关外却还是一片白雪，寒威肆虐，出关时叫将士怎能不回过头看看关内的家乡呢？为什么居庸关内关外相差如此之多呢？

我国温带季风气候带的位置，大体上位于大兴安岭–阴山–乌鞘岭以东、秦岭淮河以北。温带季风气候带还可以划分为暖温带和寒温带，其界线一般以长城为分界线，人们常把它称之为关内和关外。不同气候带之间温度的差异的原因，除了太阳辐射外，更主要的是季风的影响。冬半年，主要受西伯利亚冷高压产生的冬季风的影响，而夏半年主要受太平洋副热带高压产生的夏季风的影响。正是两大高压的互相进退，使我国产生了季节性气候。

我们称之为高压是因为它呈现出的气压场都是高压，这两个高压按照它们在的空间分布的温度场的特征，也可以称为冷、暖气团，而两大高压呈现出的流场（风场）是按顺时针方向从内向外旋转的，所以，也常常用反气旋来描述两大气团的风场的特性。这是对同一个事物，不同角度去做的分析。

太平洋副热带高压它常年存在于北太平洋的西部，并向西伸出一个狭长区域，这个狭长区域气象上就称为副热带高压脊，因此高压脊的概念就是指在天气图上，从高压中心延伸出来的狭长区域，高压脊曲率最大处的连线就称为高压脊线，常称为脊线。这个高压脊常伸到了我国东部地区，因此，讨论太平洋副热带高压对我国气候的影响，就是讨论副热带高压脊对我国气候的影响。

脊线的位置又与太阳直射的角度有关，它会随着太阳直射的南北移动而移动。在冬季，太阳直射偏南，脊线的位置，在北纬13°以南地区，因此对我国没有什么影响，所以冬季主要受西伯利亚冷高压的影响，盛行冬季风。之后，随着太阳直射的北上，副热带高压脊也会随之北上西伸。因此，我国的春天也是从南向北依次展开，关内关外相差大约在十五天左右。当徐兰随军出关时正值康熙三十五年（1696年）的三、四月份，长城以南已经春暖花开，而长城以北，由于西伯利亚冷空气还经常盘踞于此，仍然一副寒冬的景象，越往北越寒冷，家乡是桃花盛开，关外是白雪皑皑，凝聚成“马后桃花马前雪”的情形。

与此相对应的是，我国北方春来迟，但冬却来得早，到了九月份，随着太阳直射的南撤，副热带高压脊也会随之南撤，到了10月份撤回到了海上，结束对我国的影响。太平洋副热带高压南撤到太平洋上空，西伯利亚冷高压开始接管我国中东部地区的天气。随着夏季风向冬季风的转换，我国北方气温开始下降。唐代边塞诗人岑参《白雪歌送武判官归京》中的前两句就是“北风卷地白草折，胡天八月即飞雪”，从中可以看出，北方冬季风来得早且来得急，北方冬长夏短，农历八月也就是阳历的九月，北方就处于冬季风的控制之下，所以雨季也很快结束，雨带也被冬季风推到了南方。

我国不同气候带之间的温度差异，一生游历大半个中国的诗仙李白感触颇为深刻，“五月天山雪，无花只有寒”（李白《寒下雪曲》），“黄鹤楼中吹玉笛，江城五月落梅花”（李白《与史郎中钦听黄鹤楼上吹笛》）。农历五月江城（武汉）正值仲夏，梅花花期将过，而地处西北边塞的天山仍旧积雪覆盖，由此可以看出内地与塞外温度差异之大。唐朝诗人张敬忠的《边词》“五原春色旧来迟，二月垂杨未挂丝。即今河畔冰开日，正是长安花落时”，更加明显地体现了我国不同气候带的温度差异，这里的五原，即现在的内蒙古五原县，这里的长安即现在的陕西省西安市。五原的春天总是姗姗来迟，二月份的垂杨柳还没发芽。河畔岸边如今开始冰雪消融，而长安城里却正是落花时节。由两地物候对比可以看出，两地气候因为纬度位置不同而存在明显差异。

莫恨雕笼翠羽残，江南地暖陇西寒。

我国南方和北方气候差异大，江南已经大地回春，鲜花盛开，陇西还是十分寒冷。描述了气候带由赤道向两极的地域分布规律，这里主要体现的是亚热带与温带之间的气候差异。

鹦　鹉

［唐］罗隐

莫恨雕笼翠羽残，江南地暖陇西寒。
劝君不用分明语，语得分明出转难。

诗的大意是不要怨恨被关在华丽的笼子里，也不要痛恨翠绿的羽毛被剪得残缺不全，江南气候温暖，而你的老家陇西十分寒冷。劝你不要把话说得过于清楚，话说得太清楚，人就愈加喜爱你，要想飞出鸟笼就更难了。

诗人在江南见到的这只鹦鹉，已被人剪了翅膀，关进雕花的笼子里，所以用“莫恨雕笼翠羽残，江南地暖陇西寒”这两句话来安慰它，且莫感叹自己被拘囚的命运，江南这个地方毕竟比你老家陇西暖和多了。江南属于亚热带气候，而陇西属于温带气候。我国的亚热带气候区为秦岭淮河以南，青藏高原以东，热带季风气候以北的地带，该气候区域特点是冬温夏热，四季分明，降水丰沛，季节分配比较均匀。其夏季太阳高度角大，气温较高，且东南和西南季风带来的降水丰沛，雨热同期，雨季持续时间长，与热带气候相似。但冬季明显比热带气候冷，最冷月份均温在0℃到15℃之间。竺可桢先生认为亚热带气候的主要特点是“冬月微寒，足使喜温的热带作物不能良好生长。其另一特点为每年冬季虽有冰雪，但无霜期在8个月以上，使农作物一年可有两造的收获”。温带气候特点是冬冷夏热，四季分明。最冷月份均温在0℃以下。对于描述这种气候带的温度差异的诗词还有很多，如《寒食》（唐·孟云卿）“二月江南花满枝，他乡寒食远堪悲。贫居往往无烟火，不独明朝为子推。”诗的大意是，江南的二月，正是繁花盛开的时节，而我独自在他乡，又遇上了寒食节，内心感到无限的悲凄。贫穷的人家往往没生做饭的烟火，这种断炊习俗不仅仅是因为在明天纪念古代的寒士介子推。孟云卿是陕西关西人，天宝年间科场失意后流寓荆州一带，在一个寒食节前夕写下了《寒食》这首绝句。寒食节时，江南正值花满枝头春意融融，而作者的家乡关西还十分寒冷。作者独在异乡为异客，每逢佳节倍思亲，且处于穷困潦倒之际，不由悲从心来。陇西与关西同属温带，江南则属亚热带，一寒一暖，气温差异十分明显。白居易的《早冬》“十月江南天气好，可怜冬景似春华。霜轻未杀萋萋草，日暖初干漠漠沙。”意思是说，江南的十月天气很好，冬天的景色像春天一样可爱。寒霜未冻死小草，太阳晒干了大地。可见江南是长夏短冬、冬季较暖的气候特征。

锦江近西烟水绿，新雨山头荔枝熟。

此句描写成都地区烟波浩瀚草木碧绿，雨后山坡上荔枝已经成熟，反映了在同一纬度的四川盆地与长江中下游地区之间的气候差异。

成都曲

［唐］张籍

锦江近西烟水绿，新雨山头荔枝熟。
万里桥边多酒家，游人爱向谁家宿。

《成都曲》是中唐时期诗人张籍的一首七言绝句，描写了成都的秀丽风光、风土人情及繁华景象。锦江：在四川省，流经成都南郊。万里桥：在成都城南。诗的大意是说，锦江西面雾霭迷蒙，草本碧绿，雨后初霁，在绿水烟波的掩映下，山头岭畔，荔枝垂红，四野飘溢清香。城南万里桥边有许多酒家，来游的人喜欢向谁家投宿呢？

荔枝是一种典型的亚热带水果，其对寒冷气候的抗御能力很差。据研究，在越冬期间，荔枝最多只能抗御-4℃的低温。而今天四川盆地的荔枝栽培地区主要在川南长江和金沙江河谷相连的一些县。由此可以推测，成都当时的气候比现在暖和，适宜荔枝生长。从气候的角度讲，四川盆地的气温要高于同纬度上长江中下游地区的气温，所以适合亚热带植物荔枝的生长，反映了我国东西气候差异。苏轼在《石鼻城》中也有“渐入西南风景变，道边修竹水潺潺”的描述，竹子也属于亚热带植物。那么，为什么四川盆地的气候要比同一纬度上的长江中下游地区要温暖呢？

四川盆地因四面环山，特别是北有高大的秦岭和大巴山之阻，使得冬季风和寒潮难以影响到该地，该地1月份均温较同纬度的长江中下游地区高3～4℃，因此盆地中冬季霜雪少见，全年翠绿，农作物几乎全年生长，号称“天府之国”，在中国气候区划中四川盆地属于中亚热带气候，而东部同纬则为北亚热带气候，即相差一个等级，所以四川盆地即使是冬季也温暖如春。例如，冬季当西伯利亚冷空气南下，东部地区强冷空气已把霜冻线南推到南海之滨的时候，却遇到四川盆地周围1500米至2000米山脉，常常难以逾越，四川盆地（或盆地南部）仍然是个孤立无霜区。这从盆地内泸州历史上极端最低气温仅-1.1℃，而800公里以南的广东沿海阳江和广西沿海北海则分别为-1.4℃和-1.8℃即可得到证明。历史上唐代杨贵妃爱吃的荔枝，也来自四川盆地南部。因此苏轼《荔枝叹》诗中才有“永元（汉）荔枝来交州（两广），天宝（唐）岁贡取之涪（四川）”之句。

嫩草如烟，石榴花发海南天。

南方的春景真美啊！无边碧草像轻烟一样，似火石榴花开得火红。天色暗了下来，江边亭子边春天景物绿色的影子倒映在水中，水中鸳鸯戏水。绵延的青山，修长的流水，这样的南国春景真是看不够啊！描写了我国南方无边碧草像轻烟一样，似火石榴花开得火红。反映了热带气候区的气候特点。

南乡子·嫩草如烟

［五代］欧阳炯

嫩草如烟，石榴花发海南天。
日暮江亭春影渌，鸳鸯浴，水远山长看不足。

热带，处于南北回归线之间的地带，地处赤道两侧，本带太阳高度角终年很大，在南北回归线之间的广大地区，一年有两次太阳直射现象。回归线上，一年内有一次太阳直射，而且，这里正午太阳高度角终年较大，变化幅度不大，因此这一地带终年能得到强烈的阳光照射，气候火热。全年平均温度大于16℃，四季界限不明显，日温度变化大于年温度变化。我国的热带气候区主要为雷州半岛、海南岛、云南省南部低地和台湾省南部低地。处于热带气候控制之下，终年不见霜雪，到处是郁郁葱葱的热带丛林，全年无寒冬。

说到我国古代诗人对热带气候的感受，莫过于宋朝的苏东坡。宋绍圣四年（1097年），62岁的苏东坡被贬谪海南儋州生活了3年。在谪居海南岛的3年里，苏东坡写下了一百七十多首诗词。这些诗词，有些展现了天涯海角的奇异风光，有些描述了当地的自然景观，有些则反映了当地百姓的生活。如《减字木兰花·立春》："春牛春杖，无限春风来海上。便丐春工，染得桃红似肉红。春幡春胜，一阵春风吹救醒。不似天涯，卷起杨花似雪花。"《和陶戴主簿》："海南无冬夏，安知岁将穷。时时小摇落，荣悴俯仰中。上天信包荒，佳植无由丰。鉏 耰肃杀，有择非霜风。手栽兰与菊，侑我清宴终。撷芳眼已明，饮酒腹尚冲。草去土自隤，井深墙愈隆。勿笑一亩园，蚁垤齐衡蒿。"穿越千年之前的宋朝，海南还是一块未开化的蛮荒之地，光是天涯海角的流离就足以让人感到惶恐。被贬海南，是生是死，不得而知。所以才有苏东坡遇赦离岛北归，感慨万千而写下的《六月二十日夜渡海》："参横斗转欲三更，苦雨终风也解晴。云散月明谁点缀？天容海色本澄清。空余鲁叟乘桴意，粗识轩辕奏乐声。九死南荒吾不恨，兹游奇绝冠平生。"而今的海南不可同日而语，充足的热量资源使海南四季温暖、草木不凋、花果飘香，2018年，国家宣布将把海南打造为全球最大自由贸易港。这座崛起的热带岛屿，每年迎接着数以万计的中外游客来此度假、旅游、观光，秀美的自然风光慰藉来者，湛蓝的海水淘洗疲惫的心灵，在世人眼中，这俨然是一处热带风光的天堂。

二、大陆性气候

君不见走马川行雪海边，平沙莽莽黄入天。轮台九月风夜吼，一川碎石大如斗，随风满地石乱走。

此句形象地描绘了新疆秋冬季节，由强风引起的沙尘暴，当沙尘暴来临时大戈壁滩飞沙走石的场面。

走马川行奉送封大夫出师西征

［唐］岑参

君不见走马川行雪海边，平沙莽莽黄入天。
轮台九月风夜吼，一川碎石大如斗，随风满地石乱走。
匈奴草黄马正肥，金山西见烟尘飞，汉家大将西出师。
将军金甲夜不脱，半夜军行戈相拨，风头如刀面如割。
马毛带雪汗气蒸，五花连钱旋作冰，幕中草檄砚水凝。
虏骑闻之应胆慑，料知短兵不敢接，车师西门伫献捷。

此诗是盛唐边塞诗人岑参从自己真切的内心体验出发来描绘西部边塞，逼真地再现了西部边塞秋冬之际寒风凛冽、黄沙漫天、碎石乱飞的天地壮观之景，歌颂了前线军士在这种恶劣气候下勇敢赴敌的精神。

走马川即车尔臣河，又名左末河，在今新疆境内。雪海指在天山主峰与伊塞克湖之间。金山指博格达山。轮台位于今昌吉回族自治州境内的阜康市附近，地处天山东段北麓、准噶尔盆地南缘。车师是汉西域国名，有前后车师之称，前车师在今新疆吐鲁番，唐时属西州；后车师在今新疆东北部的吉木萨尔县北，唐时属庭州，诗中当指后车师，即北庭都护府所在地庭州。西征指出征播仙，位于车尔成河西岸。

诗的大意是说：你没有看见吗，在走马川，雪海边，黄色的沙漠一直延伸到天的尽头，浩瀚无边。轮台的九月夜里狂风怒吼，河床中如斗的碎石，被吹得满地乱滚。匈奴在秋后草盛养肥了战马的时候，在阿尔泰山之西发动了战争，唐军主帅率师西征。将军夜不解甲，带领士兵急速行军，只听见兵器撞击的声响，凛冽的寒风吹在脸上犹如刀割一般。慓悍的战马因疾驰而浑身汗气蒸腾，使马毛上的雪很快融化，但转眼间融化了的雪水和汗水又结成冰，军幕中起草檄文时，砚台里的水也很快冻结。料想敌军听到后会胆战心惊，不敢交锋，将在车师的西门等候献俘报捷。为什么九月的新疆会寒风凛冽、黄沙漫天呢？

新疆在大兴安岭–阴山–贺兰山–巴颜喀拉山–冈底斯山一线以西，属于非季风区，温暖的夏季风影响不到这里，因而这里雨水稀少，沙漠广布，山麓砾石到处可见。但这里临近冷空气的源地，受冬季风影响很大。冷空气的源地指的是冷空气开始形成和聚集的地区，冷空气形成以后在一定的大气环流影响下开始南下，冷空气主体所移动的路线称为移动路径，影响我国的冷空气主要来自西伯利亚和蒙古，南下路径有三条，一是西北路径，也称为中路，经蒙古国、我国河套地区，直达长江中下游及江南地区；二是西路，经我国新疆、青海，从青藏高原东侧南下；三是东路，经蒙古国及我国东北地区，之后其主力继续东移，但低层冷空气会折向西南，经过渤海、华北，可直达两湖盆地。细心的读者从中央气象台新闻联播后的天气预报中就能体会到这一点，尤其冬季有冷空气袭来，出现寒风大雪天气时，你会发现，每次影响的地区是不同的，这就是因为冷空气南下的路径不同造成的。我国新疆位于冷空气南下路径中西路的首要位置，冷空气温度低、气压高，风力强劲，而秋冬季节的北方土地干燥而疏松，受强风影响，极易引起沙尘暴，形成黄沙满天、飞沙走石的天气现象。当南下的冷空气在24小时内使所经之地的气温下降10℃以上，最低气温达到

5℃以下，气象上就把它称为寒潮。西北地区冬季风风力强劲，寒潮经过的次数也多，可见那里的气候条件是相当恶劣的。

火山突兀赤亭口，火山五月火云厚。

此句描述了新疆吐鲁番盆地的火焰山地区受热带大陆性气团影响，仲夏时节在太阳照射下，气温炽热，红色砂岩熠熠发光，犹如烈焰升腾的景象。

火山云歌送别

［唐］岑参

火山突兀赤亭口，火山五月火云厚。
火云满山凝未开，飞鸟千里不敢来。
平明乍逐胡风断，薄暮浑随塞雨回。
缭绕斜吞铁关树，氛氲半掩交河戍。
迢迢征路火山东，山上孤云随马去。

此诗是唐朝边塞诗人岑参送别友人回转京师的一首边塞诗。诗的大意是，火焰山高高耸立在赤亭口，五月的火焰山上空火炽热的赤色云厚厚实实地压在大地之上。厚重的火云铺山盖岭凝滞不开，方圆千里鸟儿都不敢飞来。火云清晨刚被西域边地的风吹断，到傍晚又随着塞雨转回。回环缭绕吞没了铁门关的树，蒸腾弥漫半掩了交河城，城围内外它们无处不在。你迢迢征途在那火山东，山上孤云随你向东去。

诗中的火山指的是今新疆境内的火焰山，也是大家熟知的《西游记》中的火焰山。赤亭口指的是火焰山的胜金口，铁关指的是铁门关，交河指的是交河城，为地名。火焰山位于今天的新疆吐鲁番盆地的北缘，古丝绸之路北道，呈东西走向，古称赤石山。维吾尔语称“克孜勒塔格”意为“红山”，唐朝人以其炎热称其为“火山”。火焰山西起吐鲁番，东至鄯善县境内，全长160多千米，最宽处达10千米，海拔500米左右，主峰海拔831.7米。火焰山荒山秃岭，沟壑林立，寸草不生，飞鸟匿踪。每当盛夏，烈日当空，赤褐色的山体在烈日照射下，砂岩灼灼闪光，炽热的气流翻滚上升，就像烈焰熊熊燃烧，故称之为火焰山。其实这主要是一种大气光学现象，因为夏天烈日把地面晒烫，地面受热，空气猛烈上升，上升的空气密度很不均匀且变化迅速，所以透过这层大气气幕看对面沟壑纵横的红色山坡，便真像缕缕烈焰在燃烧一般。那么，为什么新疆吐鲁番盆地的火焰山如此干燥炽热呢？

我国新疆位于欧亚大陆腹地，远离海洋，被高原高山环绕，为非季风区，属于温带大陆性气候。冬季漫长寒冷，夏季炎热干燥，春秋季短促而变化剧烈。这主要是由于冬季受到极地大陆冷气团影响，而夏季受到来自中亚的热带大陆暖气团的影响。吐鲁番盆地干燥炽热的第一个原因就是夏季受到热带大陆暖气团的控制。热带大陆气团主要源于副热带沙漠地区，因此气团具有炎热、干燥等特征，当它移入我国新疆等地时，就会造成这一地区的炎热、干旱、少雨、蒸发量大等特点，吐鲁番更是将这一特点发挥到了极致，即使“平明乍逐胡风断”，也会“薄暮浑随塞雨回”。吐鲁番干燥炽热的第二个原因是日照时间长及地表性质。吐鲁番周围为大面积的干旱区，属典型的大陆性干旱荒漠气候。夏季，白天受太阳直接照射，气温升高，但这并不是太阳直接照射大气的结果，前面我们在分析“人间四月芳菲尽，山寺桃花始盛开”。已经讨论过，大气是基本不吸收太阳光短波辐射热能的，而是阳光透过大气照射到地面，地面吸收太阳的短波辐射能量，地表升温。地表升温后再主要通过对流来加温大气，好比炉子下面生火煮热水一般。在西北干旱地区，天上无云遮挡炽热阳光，地面无水蒸发降温，阳光热量几乎全力用来升高地面温度，由于山地裸露，草本无覆，戈壁沙漠面积大，日照时间长，白天增温迅速，盆地过低，热空气不易散失，形成了北纬42°以上世界唯一的热火炉。吐鲁番盆地干燥炽热的第三个原因就是“焚风效应”。“吐鲁番”为维吾尔语，意为“最低地”，夹在东天山博格达山脉与库鲁克塔格山脉之间，由于地壳运动，形成了著名的吐哈盆地，即吐鲁番-哈密地堑盆地，而火焰山又盘亘在盆地中北部。山地与盆地在短距离内高度相差超过五千多米，气流越过天山后下沉增温产生的焚风效应，使得此地干燥炎热。气流越山下沉增温是按空气干绝热垂直递减率变化的，每下降100米温度升高1℃。岑参第一次经过火焰山的时候，曾在《经火山》中写道“我来严冬时，山下多炎风。人马尽汗流，孰知造化功。”

吐鲁番是中国最热的地方，素有“火洲”之称。据记载，夏季最高气温高达47.8℃，地表最高温度高达80多摄氏度。虽然年平均温度只有14.5℃，然而超过35℃以上的日数却在100天以上，即使38℃以上的酷热天气也有38天之多。多年测得的绝对最高气温为49.7℃，而地表温度能达到83℃，是名符其实的

“中国热极”。据记载，吐鲁番气象站在1966年夏季的一次科考中，科考队员把几个鸡蛋埋在沙子下面，当他们四十分钟后回来时，鸡蛋已熟，只有少数一点点蛋黄还未完全凝固，可见烤熟鸡蛋只是时间问题，这就是吐鲁番气象站“埋沙熟蛋”的故事。此外，吐鲁番多年平均降水只有16毫米，夏季占一半，而托克逊年降水量只有5.9毫米，终年不雨或雨而未觉亦不足为奇，可以算得上是“中国干极”。例如，吐鲁番夏季午后最小相对湿度经常只有5%至10%，甚至常常为零。一个湿润的人体在这样干燥的空气包围之中，无论皮肤表面还是肺内组织，由于和极干燥空气接触，水分迅速蒸发带走了大量热量，这就是在干旱气候条件下，人体较易于耐受的原因所在。

吐鲁番盆地的火焰山，虽然表面寸草不生，高温难耐，但火焰山山体却又是一条天然的地下水库的大坝。正是由于火焰山居中阻挡了由戈壁砾石带下渗的地下水，使潜水位抬高，在山体北缘形成一个潜水溢出带，有多处泉水露出，滋润了鄯善、连木沁、苏巴什等数块绿洲。山腹中许多沟谷绿荫蔽日，溪涧潺潺，是火洲中的“花果坞”，著名的葡萄沟就在这里。由于火焰山本身具有独特的地貌，再加上《西游记》里有孙悟空三借芭蕉扇扑灭火焰山烈火的故事，使得火焰山天下闻名，现在，这里已经是国家4A级风景区。有机会去这里的朋友也可以用“埋沙熟蛋”来体会一下这里的炎热。

天苍苍，野茫茫，风吹草低见牛羊。

此句描绘河套平原坦荡辽阔的地形和牧草茂盛、牛羊肥壮的温带草原景色。

敕勒歌

南北朝·乐府诗集

敕勒川，阴山下。
天似穹庐，笼盖四野。
天苍苍，野茫茫，
风吹草低见牛羊。

风吹草低见牛羊，浅草才能没马蹄，一川碎石大如斗，风沙茫茫大如天，描绘的是我国北方从东到西的自然景观，反映的是水平自然带的经度地带性规律：由于从东到西的水分递减，形成了草原、草原荒漠、荒漠的自然带景观。

“早穿皮袄午穿纱，围着火炉吃西瓜。”描述的是我国西北内陆的温带大陆性气候特征之一，说明其日夜温差大。原因是深居内陆，大陆性特征明显，新疆瓜果特别甜的原因也与日夜温差大有很大关系。

空气分子几乎不吸收波长比较短的太阳光线的热量，主要是地面吸收了这种太阳短波辐射热量以后，升高了地面温度，再通过对流方式，由地面增热大气，这好比锅子底下生火，锅里的水就热了一样。夜间，气温的降低也不是空气直接向宇宙太空辐射热量的结果，而是由于地面向宇宙空间辐射散失热量（因为地面温度比太阳温度低得多，所以这种辐射波的波长比较长，人肉眼看不见，叫作长波辐射），大气与冷却的地面接触，大气热量慢慢传给地面而气温逐渐降低。

庭轩寂寞近清明，残花中酒，又是去年病。

天气刚刚变暖，时而还透着微寒。一整天风雨交加，直到傍晚方才停止。时近清明，庭院里空空荡荡，寂寞无声。对着落花醉酒酣饮，这伤心病痛像去年一般情境。

晚风吹送谯楼画角将我惊醒，入夜后重门紧闭庭院更加宁静。正心烦意乱、心绪不宁时，哪里还能再忍受溶溶月光，隔墙送来少女荡秋千的倩影。

青门引·春思

［宋］张先

乍暖还轻冷。风雨晚来方定。庭轩寂寞近清明，残花中酒，又是去年病。

楼头画角风吹醒。入夜重门静。那堪更被明月，隔墙送过秋千影。

描写气候的诗句还有很多，比如“日中万影正，夕中万影倾”反映出日影的日变化规律（北半球夏半年太阳早上从东北升起，日影朝西南，黄昏太阳在西北落下，日影朝东南。正午时影子朝正北或正南或缩小为一个点，冬半年相反。注意北极及其附近的特殊情况）。“海潮随月生，江水应春发”揭示了潮汐现象与月相变化关系和河流经流变化与季节变化的关系。“洞庭一夜无穷雁，不待天明尽北飞”描述了候鸟迁徙的方向和季节。

北风卷地百草折，胡天八月即飞雪。

北风席卷大地把百草吹折，胡地天气八月就纷扬落雪。全诗以一天雪景的变化为线索描写的是我国北方地区入冬早的气候状况。

白雪歌送武判官归京

［唐］岑参

北风卷地白草折，胡天八月即飞雪。
忽如一夜春风来，千树万树梨花开。
散入珠帘湿罗幕，狐裘不暖锦衾薄。
将军角弓不得控，都护铁衣冷难着。
瀚海阑干百丈冰，愁云惨淡万里凝。
中军置酒饮归客，胡琴琵琶与羌笛。
纷纷暮雪下辕门，风掣红旗冻不翻。
轮台东门送君去，去时雪满天山路。
山回路转不见君，雪上空留马行处。

“风卷草折”似声声入耳，“八月飞雪”如历历在目。接着写雪后景色变幻：一夜之间，雪花覆盖了整个大地，特别是千万颗树木上的雪花，好似一夜春风吹开了无数枝的梨花。这里，以春花喻冬雪，以南国暖色比北方寒景，联想奇特美妙，比喻新颖贴切，使这两句成为历代咏雪诗中的名句。然后自然转到写军营内的苦寒生活：“散”“湿”承前继后写雪飞雪落，冷寒潜袭；后用“狐裘不暖”“锦衾薄”“角弓不得控”“铁衣冷难着”等语句，不仅写出边关将士奇寒难熬的艰苦生活，更从侧面反衬出大雪的酷寒。最后从纵横交错的空间景象着笔，既写出边塞冰天雪地、阴云重重的自然之景，又用“愁”“惨”两字语带双关，渲染饯别的气氛，感情色彩十分浓烈。

南风暖、北风寒、东风湿、西风干，这种状况主要是由于我国所在地理位置所决定的。

风是由于空气流动而产生的，风向指风的来向，刮南风就是南方的空气向北流去，刮北风就是北方的空气流向南方；同样刮东风是东面空气流向西面，刮西风就是西面空气向东面流去。我国的地理位置是处于北半球，北边是高纬地区的寒冷极地，西边是一望无际连绵不断起伏的山岭；南边是处于低纬的热带地区；东面是水波浩渺的太平洋。这样在我国北方由于终年日照较少，地面温度很低，气温也很低，一些地方是终年积雪的寒冷地带，所以，北方冷空气南下时，其气温很低，冷空气经过地方气温当然会急剧下降，给人以寒冷感觉。

淮海多夏雨，晓来天始晴。

淮河以北及涡州一带夏日多降水，天亮时天空放晴。

晚步扬子游南塘望沙尾

［唐］刘禹锡

淮海多夏雨，晓来天始晴。
萧条长风至，千里孤云生。
卑湿久喧浊，搴开偶虚清。
客游广陵郡，晚出临江城。
郊外绿杨阴，江中沙屿明。
归帆翳尽日，去棹闻遗声。
乡国殊渺漫，羁心目悬旌。
悠然京华意，怅望怀远程。
薄暮大山上，翩翩双鸟征。

此诗表现了淮河流域，乃至整个东亚地区的降水季节类型为夏雨型。从全球范围来看，还有冬雨型和年雨型。属夏雨型的气候类型主要有：热带季风气候、亚热带季风气候、温带季风气候、热带草原气候等。属冬雨型的气候类型主要是地中海气候。属年雨型的气候类型主要有：热带雨林气候、温带海洋性气候。